中公新書
ラクレ
387

JN284174

武田 徹

私たちはこうして「原発大国」を選んだ

増補版 「核」論

中央公論新社

二〇一一年論——新書版まえがきにかえて

第一報を聞いたのはトルコ・イスタンブールのホテルでした。東日本大震災が発生するほんの十分前に離陸する飛行機で日本を発っていたのです。「原発のある東北で地震が起きたようだ」と伝えてくれたフロントマンは相当に深刻な表情で、尋常でないことを感じ取りました。部屋に向かって歩く短い時間は、家族の無事ももちろんですが、『「核」論』の著者として非常に混乱していたのを覚えています。

部屋につくとすぐにテレビの電源を入れるとともに、パソコンをインターネットにつなぎました。トルコまでの飛行時間が間に挟まっていて、震災から既に一二時間強が経っていたので、ネット上、特に地震直後も生き残ったツイッターには情報が次々にアップされており、おかげで知人の安否や被災地の状況を確認できました。

以後、三月一六日に帰国するまで、イスタンブールでは、予定していた仕事をこなす以外はテレビやネットばかり見ていて、ほとんど外に出ませんでした。

「豊かな」社会の裏側で

原発事故は天災ではなく人災、起こるべくして起こったと思います。そして、この人災の被害がここまで大きくなってしまった背景には、日本の戦後史が間違いなく影を落としていると思います。

戦後の日本は、核エネルギーを科学の力で解放し、制御する、原子力発電という技術を手に入れました。一九七〇年代に起きた二度のオイルショックを経験したものの、次々に運転を開始した原発のおかげで、「豊かな」社会を築いて来られた。経済発展によって増加する電力消費にも不安を感じることはなかったのです。今日に至るまでこの「原子力的日光」(GHQのホイットニー准将の言葉。詳細は「はじめに」参照)による恩恵に浴して来たわけです。

私が『「核」論』につながる取材を始めた一九九七年ごろ、安全性の観点から立場の異なるスイシン派とハンタイ派は決して交わらない議論を続けていました。その一方で多くの人々は、そうした議論にも無関心で、原子力を意識せずに平穏に暮らしていた。電力の約三割を原発に依存しているにもかかわらず、です。都市の住民は、五〇基ほどの原子力発電所が遠く離れた地方に不自然な配置で建てられている点について深く考えることもなかった。

こうした不自然な状況をなんとか打開したいという気持ちで『「核」論』は書かれています。時系列に沿って戦後史を振り返った本書の「一九五四年論」から「二〇〇二年論」にいたる九つの議論には、ゴジラや鉄腕アトムの登場する「文化史」、初代の科学技術庁長官を務めた正力松《しょうりきまつ》太郎《たろう》と首相に登りつめた田中角栄《たなかかくえい》が関わった「政治史」、原子爆弾の開発者であるオッペンハイマーや卓越した数学的センスを武器に時代を駆け抜けたジョン・フォン・ノイマンに代表される「科学史」、輝く未来を提示した大阪万博やＪＣＯの臨界事故を扱った「社会史」、清水幾太郎《しみずいくたろう》や高木仁三郎《たかぎじんざぶろう》に触れた「思想史」と分野を横断した議論を俎上にのせました。

　たとえば前半に登場するゴジラやアトムに比べると、戦後知識人の代表格である清水幾太郎の「転向」を題材にした「一九八〇年論」にはとっつきにくい印象を抱く読者が多かったようです。反米運動を主導した清水が核武装論を唱えるに至った動きを、本書ではアメリカの核の傘から離れて国家の「独立」を求める一貫した流れに沿ったものとして扱いました。本論では触れていませんが、核武装を「国家」たる前提条件と考える清水のような立場を取ると、原子炉を持つことの経済条件や安全性もまた、国家の安全保障上の要請と照らし合わせられつつ評価されるようになります。このように原子力は単に科学や経済の議論を越えたところに位置している。清水の立場に賛同するかどうかは別として、こうしたマクロな話と、本書で示したミクロな生活の実感から考えてゆく両方の道が原子力に対してはありえます。

「ハンタイ」vs.「スイシン」の対立構造

　こうして『「核」論』ではハンタイ、スイシンの違いを超えて核＝原発論に入れる入口を多く用意し、原子力をめぐる膠着した状況を打開できないかと工夫しました。

しかし皮肉なことに東日本大震災の後に、ふたたび「歴史」は繰り返されました。多くのジャーナリストはスイシン派とハンタイ派の対立構造に陥ったのです。いや、露骨なスイシン派はさすがになりを潜めているので、「政府の指示に従えば安全は守られる」とする立場と、「政府や電力会社はウソをついており、現状はもっと危険な状態なのだ」とする立場がそれに替わったといえる。それぞれは互いに互いからかけ離れて、それぞれの立場で安全と危機を主張し続けている。

たとえば、当初、福島第一原子力発電所の二〇～三〇キロメートル圏内は、政府から屋内退避区域に指定されました。あるジャーナリストはその場所で高い放射線量をガイガーカウンターで計測し、その数値を示していた。後の放射線量調査から総合的に推測して、それはなんらかの理由で瞬間的に記録された高い数値だった可能性が高い。確かに警鐘を鳴らす行為の重要性は認めます。危険の可能性を指摘し、あらかじめそれを避ける「予防原則」が大事だということも分かる。しかし、いたずらに不安を煽ることと、警鐘を鳴らすこととは、やはり異なるはず。

そうした「民間報告」もひとつの原因となって、政府の「ただちに健康に影響はない」との説明への不信感は高まり、たとえば原発周辺への物流が止まるというひとつの結果が現れる。今回の震災で、地震と津波と原発事故というトリプルパンチを受けた、もっとも助けが必要な人々に援助物資が届かなくなったわけです。ハンタイ派はリスクのない「安全」な生活を求めているはず。しかし、不安を煽るだけで結果的に被災者にいっそうの負担を強いてしまう。求めていることと、実際の結果が齟齬を来してしまっています。

初期の混乱がある程度落ち着き、放射線量がそれなりに安定的に観測されるようになると、その線量をめぐって安全か、危険かの議論が起きる。そこで関心を集めた低線量被曝については「低線量の放射線であっても危険だ」とする説から「影響はない」とする説、はたまた「有益だ」とする説が混在している状況があります(「一九五七年論」参照)。今はいずれが正しいのかを競うのではなく、評価が定まらない事情を踏まえて、「それならどうすればいいか」の議論にシフトすべきなのに、そうはならない。原子力をめぐって一向に調和することのない二つの立場の間の溝の深さは、「原子力的日光」に照らされた社会に落とされた「影」の深さと通じています。

政府や東京電力の対応には確かに問題もあります。この期に及んでそれはないだろうと思うことも少なくなかった。ただ、今は彼らにがんばってもらうことでしか全体のリスクは減らせない。彼らへの批判はそうした事態を改善する方向に後押しできるものであるべきで、活動の邪魔をすべきではない。専門家に対しても不信の念が募っていますが、専門家の知識がなければ対策すら立てられない。互いに不信感で向き合っていると最適な選択を逃してしまう。「囚人のジレンマ」というゲーム理論の枠組みを援用して説明したように、互いに共倒れになり、結局、守るべき安全を失います(「二〇〇二年論」参照)。

リツイートされるステレオタイプ

情報収集の上でインターネット、特にツイッターは安否確認等の面で、発生直後は役に立ちましたが、だんだんと様相は変わっていきました。原発の事態が深刻になるにつれて、ツイッターは一方で「不安」を増殖させたように思えました。

私がながめていた限り、ツイッターの中では、状況が刻々と悪化する中で「不安」に駆られてパニックになり、「政府発表は最初から嘘である」「東京電力がスポンサーについているからマスメディアは本当のことは言わない」などと主張する、ある種のパターンがあったように感じました。いわゆるステレオタイプのマスメディア批判、政府批判が多くの人にリツイートされ、どんどん拡散した。その一方で自分の専門知識に従って冷静に現状分析をしようとする科学者のツイートもあったのですが、両者がかみ合わないばかりか、危険を強調していないとそれだけで「御用学者」とレッテルを貼られかねなかった。

ツイッターに代表されるソーシャルメディアは、日本の画一化されたマスメディアとは異なった、多様・多角的で独自性のあるオルタナティブな情報を提供するといわれることが多い。けれども、ここでもまた、「ハンタイ」と「スイシン」の単純な対立構造を目の当たりにしました。

原子力発電のような先端科学は歴史的に安全性が実証されているわけではない。だから潜在的なリスクが常につきまといます。核エネルギーをどう受け入れるか、あるいは拒否するかは、不確定な未来を選ぶという点において最終的に「賭け」にならざるをえない。そのときに大切なのは、できるだけ多くの情報をもとに、可能なところまでは科学的な確定性の領域に踏みとどまってから決断を下すこと。野球のピッチャーになぞらえると、ボールを早々に放つのではなく、ギリギリのところまで我慢してボールを指に引っかけながら手放すことで、自分自身をより正確にコントロールする。なるべく多くの確実性をもとに「賭け」に臨む態度が必要です（「二〇〇二年論」参照）。

しかし、ツイッターから見えてきたのは、原発パニックで生まれた不安から、科学的に十分に省みることなく、判断に踏み出してしまう人たちでした。

一四〇文字でつぶやくというツイッターの形式が、不安を感じた瞬間にツイートしてしまう「脊髄反射」を導いたと言えるかも知れない。しかし、だとしたらそうした動きをも含めて、ジャーナリズムが事態の収拾に向けて働きかけるべきだった。しかし、大震災によってはからずも証明されたのは、現在のジャーナリズムは二分した異なる立場を横断して、両者に共通の利益を生み出すことには貢献できないということでした。それではまずい。だからこれからはツイッターのような新しいメディアや古いマスメディアを横断した上で、二項対立を延命させるのではなく、共倒れにならないように調停するジャーナリズム、二項対立の中で膠着して停止している思考を再起動させる、公共的なジャーナリズムをつくる必要があると思います。

雇用問題と原発

私たち日本人は、福島第一原発の事故が起きるまで、「原子力的日光」の恩恵に浴してきたように見えます。けれども、それは物事の一面でしかない。光があるところに闇があり、「原子力的日光」は必ず「影」を落とし続けてきました。そして、「影」は事故の時に顕在化していました。

一九九九年に茨城県東海村の核燃料加工施設ＪＣＯで臨界が起こり、亡くなった二人は高濃度の核燃料を製造するために裏マニュアルに沿って「バケツとヒシャク」で作業に臨んでいた。それは一九八六年にソビエト連邦（現在のウクライナ）で起こったチェルノブイリ原発事故後に、活発なハンタイ運動が展開された影響で、誰もが原子力関係の仕事を避けるようになった結果でもある（「一九九九年論」参照）。臨界の意味すら知らない原子力の知識に乏しい「弱者」だけが、危険な仕事に就かざるをえない構造になっていた（もちろん、弱みにつけこんで雇用し、働かせていたスイシン派にも弁明の余地はない。ＪＣＯは非常に強い批判を受けた。少なくとも刑事責任は問われ、有罪判決が下されました）。

今回の震災でも、同様の事態が起きています。原子力関係の仕事に就く人は、平常時でも一般の人に比べて被曝限度量が高く設定されています。震災後には経産省の要請で緊急に年間被曝限度量が引き上げられ、一〇〇ミリシーベルトから二五〇ミリシーベルトになりました。一般の人に比べ高い線量下で働いている彼らのリスクは増えているわけです。

このように原発は、雇用問題と切り離せません。原発は諸リスクを避けるために、産業のない人口の少ない地方に建設される運命にある。人口と雇用の少ない地方にとって、震災以前の原発は相対的に魅力的な仕事場であったはずです。

当初、福島第一原子力発電所に残っていた作業員も、国外のメディアから「フクシマの五〇人」などといわれ英雄視されてはいるものの、実は雇用を逆手にとられた社会的弱者ではないか、と考えてみる必要はあると思います。

私は取材で福島第一原子力発電所の建屋に入り、「炉心の上」に立ったことがあります。コンクリートで被われ、熱も全く伝わってこないため、その時は足下にある原子炉を実感できませんでした。猛烈な炎をあげ続け、発電の様子が見て取れる火力発電所と違い、燃料棒を用意して制御棒を抜くだけで初めはじわりと、しかし、やがていかなる炎よりも強力な熱を発する原子力発電の「静けさ」は、その時、不思議な感覚を残しました。しかし遮蔽されたコンクリートの下には、目に見えない放射線が音もなく大量に渦巻いている。取材では、それを想像力で推測することしかできませんでしたが、「フクシマの五〇人」は、そんな放射線の中で働いているわけです。

社会全体のリスクを減らす方法

「原子力的日光」の「影」を弱者に押しつけてはならない。「二〇〇二年論」に哲学者ジョン・ロールズの『正議論』(一九七一年)をひいて書きましたが、もっとも弱い人が優先的に守られるべきだと今でも思っています。ですから仮に、原子力を拒否するとしても、その選択により社会的弱者にしわ寄せがいかないかどうかはきちんと検討する必要があります。震災後には突然の計画停電によって、人工呼吸器、人工透析器などの医療機器を利用する在宅・入院患者への影響が指摘されました。エネルギー問題が切迫した中で、立場の弱い人に被害を与えるようなら、そうならない別の選択をする必要があります。そして、原発を止めるなら、関連した仕事に従事している人々に対して、雇用も用意しなくてはならない。本当に検討すべき問題は「核か、核ではないか」ではなく、「弱者を虐げる社会か、そうではないか」です。その主従関係を見失いたくない。

たとえば東京では、浄水場から「放射性ヨウ素が検出された」と報道されると、あっという間に店頭からペットボトル水が消えました。確かに水道水に放射性物質が混入したとすれば飲まないにこしたことはない。だが皆が水道水を避けて市中のペットボトルを買い占めた結果、本当にリスクを避けるべき妊婦や乳幼児にそれが行き渡らなくなる。ここで考えて欲しいのは、個々人が自らリスクを引き受けることで、社会全体のリスクを減らす可能性です。リスクとはあくまでも可能性であり、実際に危険な状況が起きることもあれば、まったく無事のまま終わることもある。こうしたリスクのうち、潜在的な危険性の低い確率的リスクを一人一人が抱え込むことで、明らかに危険性の高い確定的リスクを分散できる。

「リスク社会」と言われる現代は、社会全体の多様なリスクを考え、その総量を「少しずつ厚着を脱いでゆくように」減らしてゆく戦略をともなわないと社会秩序を維持できない構造になっていると思います。そのために、別に犠牲になれというわけではない、自分の命を守りながら、同時に全体のリスクを減らせる「社会的行為」が選択可能であることを知って欲しい。自らの力で原子力的日光の「影」を弱めることができるのです。イデオロギー的にぶれることなく、できるだけ正確なリスク評価の上で、たとえば安全な水を妊婦や子供に残す、そんなことが当たり前にできる社会になることを切に望みます。

新しい日本をつくる

実は前に教えていた大学で、原子力技術を社会学や政治学の視点で省みる、要するに『「核」論』の原型のような授業をしていて、夏休みのオプションツアーとして原発の見学会もしていました。一〇年以上前にそのツアーに参加し、やはり炉心の上に立ったことがある学生の一人が、この夏に母親になるという話を耳にして、何か巡り合わせのようなものを感じました。

残念ながら『「核」論』には福島第一原発事故を回避させる力はなかった。しかし、今度こそは、の思いがある。今回、緊急再出版されることになった新書版『「核」論』が、3・11以後に生まれる新しい命や、3・11以後を生きる新しい世代のために、ペットボトルの話に象徴されるような弱い者が虐げられる社会を変えてゆく力になってくれればと思います。これからは「復旧」と称して日本の戦後史を「なんとなく」なぞり繰り返すのではなく、「新しい日本をつくる」気持ちで臨むべきなのでしょう。新しい社会を、自分自身の責任に引き寄せて自覚的に選び、そしてこんなかたちで原発事故が起きて、こんなかたちで醜く混乱する歴史を二度と繰り返さないようにしたい。

私たちは「スイシン」「ハンタイ」のような二つの立場を超えて、両者を調停し、リスクを最小化し、利益を最大化する均衡点を見出してゆく理性と、他者に配慮する力を持っていると私は信じています。そのために、私にできる仕事はジャーナリズムの世界で道筋を立てることです。もちろん皆さんは、ジャーナリズムを追い越して、自分たち自身で考えて、行動してもいい。原子力的日光のなかで不毛な対立を繰り広げてきた茶番劇を見直して、私たちの誰もが失ってはならなかった、生活を深い部分で支えていた安全と安心をもう一度取り戻すために考え、一歩踏み出す決意をもって欲しいと思います。

二〇一一年四月四日、中央公論新社にて著者談。構成・山下祐司

目次

私たちはこうして「原発大国」を選んだ

増補版　「核」論

本文ＤＴＰ／今井明子

はじめに――一九四六年のひなたぼっこ（ただし原子力的日光の中での）

「原子力的な日光の中でひなたぼっこをしていましたよ」

そのセリフに初めて触れたのは、一九九七年に刊行され、少なからぬ話題を呼んだ加藤典洋《かとうのりひろ》の『敗戦後論』（講談社、一九九七年）の中において、だった。

とはいえ、そこで加藤はそれを引いただけであり、出典元となっていたのは、占領下の日本を取材しつつ記されたマーク・ゲインの『ニッポン日記』（筑摩書房、一九五一年）だった。ぼくは、恥ずかしながら余りにも遅れていた、と認めざるを得ない。それこそぼくの生まれる遥か前に出版されていたゲインの『日記』であれば、もっともっと早く読んでいても良かったのだから。

ただし、原典ではなく、まず引用として一つの言説に出会う。そうした出会いの順序は、初めから原典を読む人とは異なる視界を広げてくれる場合もある。

興味を持ってぼくは改めてマーク・ゲイン『ニッポン日記』に遡り、当たってみる。そこでの記述はこうだった。

その日、ホイットニー准将は、カディス大佐、フッセイ司令官を同道した。この三人が部屋へ入って行くと、その部屋には松本博士、吉田茂外相、それから現在終戦連絡事務局次長をしている白洲という、ひょうたんなまずのようにつかまえどころのない人物の三人がいた。

（中略）

彼らはそのとき、明らかに松本博士の草案を検討中だった。とにかく、松本草案が机の上に拡げられていた。この三人のアメリカ人がのちに言ったことであるが、その場の空気はちょうど先手をうたれた馬の取引きのようだった。ホイットニーは大股にテーブルに歩みよって、その上に拡げられていた書類をジロリとながめ、そして口を開いた。「諸君、総司令官は諸君によって準備された草案を研究された結果、全然容認できないと言われる。私はここに総司令官の承認を得た文書を携えてきた。これについて討議に入る前に、諸君がお読みになるために一五分だけ時間をお与えする」

そして三人のアメリカ人は隣のヴェランダに退いた。窓越しに、日本人たちがその書類の上に額をあつめているのが見えた。ちょうどそのとき、アメリカの爆撃機が一機家をゆすぶるようにして飛びすぎた。ホイットニーは、今でもこの爆撃機までは予定に入っていなかったと言いはるが、それにせよ、これはまさに時宜を得た出来事だった。

ちょうど一五分経つと、白洲が呼びに来た。ホイットニーは部屋に入るなり、芝居がかって言った。

「いや原子力的な日光の中で陽（原文ママ）なたぼっこをしていましたよ（原語では We've

just been basking in the warmth of the atomic sunshine. となっている)」
松本草案はすでにしまわれて、机の上にはホイットニーの持って来た草案がのっていることがすぐに目についた。日本人たちは、雷にうたれたような顔付をしていた。通訳をつとめた白洲は、実際に口をあけても何の音も出てこなかったことが何回もあった。
その後の二、三分間、日本側は何とか妥協の余地を見出そうと情報を釣り出しにかかった。彼らは、アメリカ側の草案は彼らが今までに考慮したあらゆるものをはるかに越え、また伝統にそぐわぬまったく非日本的なものだと論難した。ホイットニーはきっぱりと、マックアーサー(ママ)元帥は、この程度以下の案は、いかなるものも全然考慮に入れないと断言した(『ニッポン日記』)。
これは、言うまでもなく、日本国憲法が成立した始まりの時を記そうとしている。ホイットニーが持ち込んだ草案は、マックアーサー(ママ)が絶対に削除を認めない原則としてホイットニーに示したものだったという(前掲書)。ちなみにそれは
一 日本は戦争を永久に放棄し、軍備を廃し、再軍備しないことを誓うこと。
二 主権は国民に帰属せしめられ、天皇は国家の象徴と叙述されること。
三 貴族制度は廃止され、皇室財産は国家に帰属せしめられること。
の三点を踏まえて起草されたものだった。

その草案がこのようなかたちで日本側に提示されたこと、そして不可侵の三項目がそのまま日本国憲法となった経過については、加藤だけでなく、多くの研究者が触れている。一度ゲインの原典まで遡り、そこから再び言及の流れを下ってみる。
たとえばカリフォルニアで政治思想史を学び、六〇年に来日して以来、長く津田塾大学で教壇に立ったダグラス・ラミスは次のように書いている。

ホイットニーは日本人にたいして、この新憲法が論拠や論証に裏付けられたすぐれた思想であることだけをのみ込ませようとしているのではない。この草案は、世界史における最大の、しかも最も怖るべき権力、原子爆弾という権力によっても裏付けられているのだ。原爆と民主主義とをこのように安易に結びつけるのは、日本人にとってはグロテスクで思いもよらないだろうと私は思う。だが、当時のアメリカ人はそう考えたのだし、今日でも同じように考えている人はたくさんいる。日本占領は、アメリカ人にとって、原爆もアメリカが所有する民主主義の力になる、という確信を強める一手段だったのだ（『影の学問、窓の学問』加地永都子ほか訳、晶文社、一九八二年）。

加藤もこのラミスの文章を読んでいる。で、ラミスをも引いてその後にこう書く。

要するに、いかなる戦力ももたない、「武力による威嚇又は武力の行使」を国際紛争解決の手段としてはどのようなことがあっても認めない、という条項が、原子爆弾という当時最大の「武力による威嚇」の下に押しつけられ、またさしたる抵抗もなく、受け取られているのである。

わたしが戦後の原点にあると考える「ねじれ」の一つは、この憲法の手にされ方と、その内容の間の矛盾、自己撞着からくる（『敗戦後論』）。

加藤はこの「ねじれ」の問題を、単に戦争放棄の思想を最終兵器の威光の中で「押しつけられた」という事実だけに止まらず、「押しつけられた」後に、「この価値観を否定できない、と自分たちで感じるようになった」（前掲書二二頁）こと、「半世紀の間これを保持し、いまでは、何だ、平和憲法というものは米旧ソ超大国を蝕んだ産軍複合体の発生を防止する、案外使えるものなのじゃないか、というような自前の評価をもつまで、これを自分ふうに、根づかせてき」た過程で、更に幾つもの「ねじれ」を発生させていることを視野に入れ、考えようとする。

ただし加藤はゲイン－ラミスという流れを辿るだけでない。もうひとつの経由路があり、そこで触れられるのは江藤淳《えとうじゅん》だ。加藤の論壇へのデビュー作『アメリカの影』（河出書房新社、一九八五年）は江藤論であり、そこでは「ひなたぼっこ」への言及こそないものの、やはり「ねじれ」について江藤の議論を引きつつ検討をしている。そしてその江藤淳自身はそんな加藤より更に詳細に「ひなたぼっこ」について検討を行っていた。

カディス、ラウエル、ハッシー三幕僚の作成したこの記録は、高柳賢三、大友一郎、田中英夫『日本国憲法制定の過程　I原文と翻訳』（有斐閣、一九七二年）に収録されているが、私は意図的に敢えてその翻訳を採らなかった。その理由は、おそらくあの現行憲法に対する〝タブー〟が暗々裡に作用しているために、ことさら婉曲かつ不正確な翻訳がおこなわれているように思われてならなかったからであり、さらにはこの翻訳が、現行憲法は「押しつけられた」ものではないとする故高柳博士の持論に適合するように文脈を曲げて作成されているという印象を拭いがたかったからにほかならない。（中略）

“whereupon General Whitney quietly observed to him, ‘We are out here enjoying the warmth of atomic energy’”は『制定の過程』では、「その際ホイットニー将軍は、物静かに『われわれは戸外で原子力の起す暖［＝太陽の熱］を楽しんでいるのです』と言った」と訳されている。「原子力の起す暖［＝太陽の熱］」とはいったい何のことかと、呆気にとられないわけにはゆかない。「原子力エネルギーの起す暖」とは「太陽の熱」を含むかもしれないが、決して「太陽の熱」とイクォールではない。それをわざわざ割注して［＝太陽の熱］と限定したのは、翻訳者の恣意でなければ歪曲であり、この場面が示している緊張と葛藤を隠蔽しようとするという試みと断ぜざるを得ないのである。

いうまでもなく、ここでもホイットニーが飛び去った米軍機の爆音を計算に入れて、わざわざ「原子力エネルギーの暖」に言及し、米側に三発目の原爆攻撃を行いうる能力があることを誇示して白洲氏に心理的圧力をかけようとしたことは、あまりにも明らかだと言わざるを得ない（『一九四六年憲法――その拘束』文藝春秋、一九八〇年）。

確かに「原子力の起す暖［＝太陽の熱］」と割注処理をしたのは後知恵的だ。太陽の光と熱は確かに核融合反応の産物だが、そうしたメカニズムが四六年の時点でそう広く知られていたとは思えないし、たとえホイットニーにその知識があったとしても、それを白洲になんの文脈的脈絡もなしにわざわざ引いてみせたとは考えにくい。その意味で原子力的日光を太陽の意味で用いたとする割注者の処理は相当に恣意的であり、『制定』の訳者が「押しつけでない」ことを強調しようとして行き過ぎたという江藤の指摘にはうなづける。

他にも「原子力的日光」についてはたとえばジョン・ダワーも『敗北を抱きしめて』（三浦陽一ほか訳、岩波書店、二〇〇一年）の中で言及している。そこでホイットニーの台詞は「われわれは、あなた方の原子力の陽光を楽しんでいたところです（We have been enjoying your Atomic sunshine）」になっている。ダワーは「このどぎつい一言は、誰が勝者で誰が敗者なのかをはっきり思い出させた」と書いているので、解釈そのものはゲイン－江藤的なそれと足並みを揃えるが、そもそも原典の引用文からして異なり、「あなた方の原子力」ではダワーの解釈自体にも意味が通じない。

が、いかにして戦後憲法が与えられたかについてのダワーの調査はさすがに詳細を極める。天皇制の維持を望んでいたのは日本側だけでなく、マッカーサーとGHQもそうであり、彼らは極東委員会発足以前の自分たちの「独裁」が通用するうちに日本の憲法を変えておく必要があった。そのために憲法草案は「押しつけられた」のだとダワーは指摘する。

こうした一連の「押しつけ」派の指摘に対して、たとえば村田晃嗣《こうじ》の「若い世代の改憲論」(『中央公論』二〇〇〇年六月号)はその硬直性を指摘する視点を示している。手続きに関する事実関係だけをみても、日本国憲法は枢密院と帝国議会を通過しており、それに先だって衆議院では民意を反映させるべく総選挙も経験していた。その衆議院では政府原案(つまりホイットニー草案)の一〇〇条が四増一減している上に、二〇あまりの字句修正が加えられたし、本会議でも反対票は僅か八人だった。

そうした事実を挙げて村田は「日本側の意志は働いている。この点をまったく無視した〈押しつけ〉論は、一種の責任転嫁である」と書く。これは「戦後憲法は押しつけられ、選ばれていないのだから選び直されるべきだ」という加藤の主張に対する痛烈な批判だ。

そして、村田は後に様々な議論の俎上にのぼる芦田修正——国際紛争を解決する手段として、武力による威嚇または武力自体の行使の放棄を謳った九条第一項を受けて「陸海軍その他の戦力は、これを保持しない」と第二項が続く部分に「前項の目的を達するために」との文言を加えた――は極東委員会もＧＨＱも了解済みであり、その交換条件として「総理大臣及び国務大臣を文官とする」シビリアンコントロールを求めたと考える。

この芦田修正こそ自衛のための軍事力は持てるのだと「九条」を解釈する道を用意するものだったが、その修正は日本側のイニシアティブで憲法に加えられ、むしろ連合軍側が追認したというのだ。

このようにホイットニーの草案がＧＨＱ側で創り出されたものであったことは確かだとしても「押しつけ」の過程には一筋縄で済まされない複雑な力関係が及んでいる。

しかし、そうした入り組んだ当時の力関係を、よりマクロ的な視点で理解する補助線を引くことは可能だろう。その補助線とは「ひなたぼっこ」から、戦後憲法論にと踏み出した加藤とはもしかしたら最後にはまた交わるかもしれないが、とりあえずは別の方向に向くものだ。つまり、アメリカの核エネルギーの威光の中で日本に着床し、育ったもう一つのもの、まさに戦後憲法の裏側に張り付いたように存在しているもの――、それは技術としての「核」なのだ。

ホイットニーが原子力の日光の中でひなたぼっこしていた時、原子力＝核エネルギーを解放する技術はアメリカだけが保有していた。やがて核保有国は複数化するが、それでも核の力が偏在して辺りを照らしている事情に変化はない。その中で日本は――、憲法だけでなく、独特のスタイルで核の力をも受け入れることになる。本書が示すのはその軌跡だ。

たとえばゲインや憲法制定資料の中の「原子力的日光の中のひなたぼっこ」について徹底的に嚙みついた江藤にとって、戦後日本はその出自の汚らわしさゆえに「国家たりえない」ものだった。そんな江藤だったからこそ、『裏声で歌へ君が代』（新潮社、一九八二年）で厳しく現実を見据える姿勢を持ち得なかった丸谷才一《まるやさいいち》を批判する。江藤によれば、丸谷の作品の問題箇所は主人公の「梨田」が日本に帰化した台湾人二世である「林」と語る次の部分だ。


「国家には目的がないといふさつきのお話ですが」

「ええ」

「日本といふのは特にそんな感じの国ですね。ただ存在する……」

「ぢやあほかの国も日本とおなじやうに国家目的を捨てればいいわけですね」（中略）

「普通は、よほど優秀な国でないと、そんなことできないんですがね。何しろ寂しいからな、国家目的がないと認めるのは。ところが今の日本がそれをやつてのけたのは、これは偶然ですね。何となくかうなつてしまつた」


これに対して江藤は「〈今の日本〉が〈何となくかうなつてしまつた〉はずはない。どうなっているにせよ、それは〈なんとなく〉ではあり得ず、様々な要因の上でそうなっているのである」と反発する（『自由と禁忌』河出書房新社、一九八四年）。「様々な要因」として江藤が憲法の押しつけや、占領中の検閲（『忘れたことと、忘れさせられたこと』文藝春秋、一九七九年）等々を意識していることは間違いない。そうした「何となく」ではない具体的事実の結果として、日本は「国家ではない国家」になった。そんな日本の戦後の豊かさはすべて虚像なのだと江藤は考える。

そんな江藤がアメリカ留学から帰国した時期に書いたエッセー『日本と私』（初出は『朝日ジャーナル』一九六七年一月～三月。『江藤淳コレクション』2、筑摩書房、二〇〇一年に所収）に興味深い記述がある。江藤は妻と一緒にテレビで東京オリンピックの開会式を見ている。「テレビに映っていたのは、九四ヵ国を代表する運動選手達が、自分の国の国旗を押し立てて国立競技場の貴賓席の前を行進する光景に過ぎない。しかしその貴賓席には日本の君主がおられた。その人の前で、世界のそれぞれが旗を垂れて敬礼して行く。そんなことがおこり得るものかと、私はおどろいてわが目をうたがっている。だが次の瞬間には私は家内にみつからないように少し横をむいて涙を流している」

儀式の仰々しい進行の中で、江藤は日本があたかもひとつの国家のように扱われていることを感じ、占領期研究で戦後日本のダメさ加減をつくづく思い知らされていたことを一瞬忘れ感涙に震える。しかしその感動は長続きしなかった。

「開会式が終わってテレビを消したとたんに、この〈国家〉は水にもぐった鯨のように姿を隠して、そのままどこかに行ってしまったようだ。それは、それからわずか五日後に、中国が原爆の

実験をおこなって夢をこわしてしまったからかも知れない」（前掲書）

九四ヵ国の代表選手団が一堂に会する場を提供できるほど、戦後の日本は復興を遂げた。それが江藤に日本もまた国家たりえたのではないかという夢を一瞬見させる。しかしその夢は無惨にもうち砕かれる。中国の核武装という現実が、核兵器どころか通常兵器すら表だっては持てない、あらかじめ去勢された「国家ではない国家」である日本のあり方を江藤に改めて思い知らせる。戦後復興など虚妄だった。そして虚妄の中だからこそ「なんとなく国家になった」などという戯言を口にする輩が登場するのだ。

江藤は戦後日本の豊かさを呪う。江藤は特に言及していないが、中国の核武装から連想して核に関して言えば、核兵器を持てない日本は、一方で核技術は持とうとしている。豊かになった戦後日本とは、たとえば、核兵器で被爆した唯一の国でありながら、アジアでいち早く核エネルギー利用を実現した国だ。豊かさを計る尺度は様々にあるが、核技術利用の実現もそのバロメータであり得よう。そんな核技術を利用出来るまでになった国が、しかし、核兵器を持てずにいる。そんな落差が一段と深く江藤を落胆させたのではないか。

そして、そんな江藤だからこそ八〇年に文藝賞を受賞した田中康夫の『なんとなく、クリスタル』を絶賛した。「この小説に付けられた二七四個の註は、〈なんとなく〉と〈クリスタル〉のあいだに、「、」を入れたのと同じ作者の批評精神のあらわれで、小説の世界を世代的、地域的サブカルチュアの域に堕せしめないための工夫である」（文藝賞選評「三作を同時に推す」）。

「なんとなく」国家のようになった日本について、田中はそこに自覚的躊躇の印として「、」を打った。そこを江藤は評価した（江藤は、それが、たとえば本多勝一《ほんだかついち》が『日本語の作文技術』で名付けた〈思想のテン〉、つまり構文上は不要だが、書き手のなんらかの決意の産物としてのテンだとしている。ただ、初期の田中の文体には、思想のテンとは考えられない構文上不要なテンが多いのも一方で事実としてあり、田中の小説全体に対する構想はともかくとしてタイトルに打たれたテンに関してはそうした文体スタイルの中でのテンであった可能性は否めない。だが、ここでは江藤の解釈に従う）し、加藤はそんな江藤の田中への評価と原子力的日光との関わりについて『アメリカの影』の中で解釈した。

しかし――、そうした江藤（＝加藤）の評価が届いていない「余剰」をも『なんクリ』という作品は備えていたように思う。それは田中の小説に出てくる登場人物達の行動について、改めて注視することで見えてくる。

『なんクリ』で主人公の〈私〉は、恋人の淳一が留守をしている時に束の間のアバンチュールを楽しむが、結局はあっさりと元の鞘に戻ってしまう。そんな内容の作品について大塚英志《おおつかえいじ》は『江藤淳と少女フェミニズム的戦後』（筑摩書房、二〇〇一年）で「加藤典洋的な文脈であれば『なんとなく、クリスタル』は、アメリカからやって来たペニスが〈日本〉である〈私〉にエクスタシーを感じさせて、離れなくした、という民族の集団レイプのような物語」ということになると書く。確かに江藤が『成熟と喪失』（河出書房新社、一九七五年）において展開していた小島信夫

『抱擁家族』論を、加藤は『アメリカの影』の中で『なんクリ』と並べて引いていた。その『抱擁家族』で主人公・俊介は、アメリカ人の間男に妻・時子を寝取られている。つまり、時子は、日本人の、ではなく、アメリカ人のペニスによって「女」になる。そして、それこそはまさに戦後日本を象徴しているのだと江藤は論じた。そんな江藤の仕事を受けて加藤は、田中の『なんとなく、クリスタル』もその延長上で論じられると考える。

確かにその登場人物達は、戦後的な状況の中に生きている。たとえば皇族ですら病院で出産するようになった今や想像しにくいが、かつての日本では、よほどの異常分娩以外、子供は家で生むのが当然だった。そうした習慣に変化が生じるのは戦後で、六〇年には新生児の半数が、六五年には八〇％が医療施設で生まれている。これは実はGHQの占領政策の成果だった。GHQは産婆制度の解体にこだわった。それは病院での出産こそ衛生的で近代的だというイデオロギーをまとって現れた政策だったが、実は家制度の解体を視野に入れたものだった。

産婆の手で出産する場合、母の存在は不可欠である。産婆の登場はまさに出産そのもののタイミングであり、その前後は出産経験のある母が嫁を介助する。母にとってそれは家の世継ぎを無事取り上げる仕事であり、そうした出産を経由して家制度は再生産され続けて来た。だからこそGHQは産婆制度を切り崩す必要があると考えた。

そして案の定、病院出産が日常的になるにつれ、家の呪縛は薄れ、核家族化が進む。大塚英志も『江藤淳と少女フェミニズム的戦後』の中で『なんクリ』の登場人物たちが、まさにこうした

「病院生まれ世代」であることに注目している。確かに『なんクリ』の主人公は「生まれてまもなくパパがロンドンに転勤になった」女性であり、その恋人は「アッパー・ミドルなクラス以上に生まれた子供」だ。そんな二人が「どう考えても産婆によって取り上げられたとは思えない」と記す大塚には同意できる。『なんクリ』は舞台設定においてアメリカの影を正しく踏まえている。

だが――、その一方で『なんクリ』の登場人物達は、自分たちのそんな出自を自覚しているとは、とてもではないが思えないのだ。「淳一には〈クリスタル〉な世界への脅えもなければ〈私〉への同情もない。ただ無根拠に男である」と大塚も書く。主人公たちは自分たちの生活にアメリカの影が及んでいるという自覚を持っていない。いわば根拠の喪失の忘却。そして、そんな登場人物達の在り方は、まさに当時の日本の若者達の平均的な在り方でもあっただろう。だからこそその小説は大衆的に受け入れられたのだ。となると江藤＝加藤的な深読みは『なんクリ』の物語世界を違和感なしに受け入れた読者達にとってはまったくあずかり知らぬ、どこか別の国の話かと思われるようなものになるだろう。

繰り返すが、ブランド記号が浮遊する戦後日本の豊かさの空間を形成した一つの大きなファクターは確かにアメリカだ。戦後憲法そのものについては議論が必要だが、アメリカの核の傘の下に入ることで（江藤的な言い方をすれば国家として自立できない状態に去勢されることで）得られた安全保障の枠組みの中で戦後の高度成長が進んだことは歴史的事実である。アメリカの影は他にも様々に及び、たとえば産婆制度の崩壊のように旧習を駆逐してきた。

だが憲法が単に「押しつけられた」ものでなかったのと同じく、豊かさを導いた要素もまたアメリカの直接的な影響だけにもちろん留まらない。世界有数の核技術保有国となり、電力供給に不安を感じることのない原子力発電大国となった背景にアメリカの関与は大きいが、それだけに還元できない、人々の様々な思惑や、情報社会化の趨勢、科学技術の進展といった一筋縄では括れない関わりの総合がある。そうして豊かさが形成されていく構図はより錯綜し、屈折し、見えにくいものだろう。

「見えにくいもの」を、やがて「見なく」なる。原子力的日光の中に生まれ落ち、その明るさを当然のこととして育つことになった世代——つまり『なんクリ』の主人公達や、『なんクリ』を受け入れた世代——が、生活を豊かに彩っている光について意識せず、その光がどこから射しているか関心を持たなくなった。それでも日々の暮らしにとりあえず変化はないので、気にしないことに慣れてゆく。田中が豊かさに躊躇を示して「、」を打ったことを江藤は評価したが、その小説自体は大多数が「、」についてなど気にもしない、つまり自分たちの享受している豊かさの出自や根拠などといった面倒なことなど考えることなく満ち足りる時代に受け入れられてベストセラーとなった。そこに江藤と田中のアイロニーがある。

しかし、ぼくは、それを江藤を憤慨させたのとは全く異なる問題として考える。自らの立ち位置を見失い、社会的拘束性、歴史的拘束性を忘却したとき、ひとは暴力的になる。たとえば『なんクリ』で圧倒的な力を示して主人公の〈わたし〉を女として従属させる淳一の存在について大塚はこう書く。「いったいこの（淳一の）ペニスはどこからやってきたのだろう。『なんとなく、クリスタル』に対するぼくの困惑はここにある」。

小島信夫の『抱擁』であれば、主人公を「女」にするペニスの出自は明らかだった。それはアメリカそのものだった。しかし田中の小説ではその「力」の起源が定かではない。それが大塚を戸惑わせる。大塚はそこに危険な気配を嗅ぎ取る。この「無根拠なペニス」こそ制御不能な「無根拠なマッチョ」イズムに繋がるとし、「田中の小説が〈なんとなくマッチョ〉であることに（大塚は――引用者註）否定的である。無根拠なマッチョ、無根拠なペニスは、この国の言説が〈なんとなく〉落ち入り易い、もう一つの危うい場所だからである」と大塚は書く。

ここで、出自や根拠を忘れることで解き放たれる暴力について危惧する大塚の危機意識にぼくは共感を覚える。暴力の発露の仕方は様々にありえるだろう。2ちゃん（日本最大手のインターネットコミュニティ「2ちゃんねる」）のウヨ厨（「ウヨクの厨房」。「厨房」は中学生を指す「中坊」の別表現で、知識の乏しい者、幼稚な振る舞いをする者の蔑称として使われる）もそうだし、武力を持たないという憲法九条の建前の下で、再処理まで可能な核技術の保有を国際的に黙認されて来た微妙な状況からいつか日本社会が踏みだし、その核技術を核兵器を持つために使おうとすることも含まれるかも知れない。

「、」が打たれるべきなのは江藤－加藤的な文脈における「アメリカの影」に対する躊躇として、だけではない。戦後日本が獲得した「豊かさ」や「力」について、原子力的日光の中で成立した憲法を中心とした国家論の枠組みの中だけでなく、より総合的な視点から、一度、立ち止まり、再検討の一瞥を与える決意の「、」を打たれなければならないと思うのだ。だからこそ、ここではもう一本の補助線、核エネルギー利用技術の受容という、憲法受容と同じく原子力的な日光の中で進められたプロセスの考察を行う。

一九五四年論　水爆映画としてのゴジラ——中曽根康弘と原子力の黎明期

ゴジラとのニアミス

本論を展開するに当たって意味があると思われるので、個人的なことから書き始める。

一九五八年、つまり昭和三三年生まれのぼくにとってゴジラとは、血沸き、肉踊る対象では全くなかった。

自分の年齢とゴジラ作品の製作年度から推測すると六六年公開の『南海の大決闘』か六七年公開の『ゴジラの息子』あたりは物心《ものごころ》ついた後の時期にあたり、当然、宣伝などでその存在を知っていたはずだが、具体的な記憶は殆ど残ってない。エビラとかミニラとかいう、いかにもの名前の怪獣が出て来ることに、子供だましの極致という印象を持ち、食わず嫌いのまま、やり過ごしてしまった。背伸びしたがる年齢の子供にとって、この種のセンスは許容できなかった。

こうした自分のゴジラ観を一般化することはもちろん出来ない。切通理作《きりどおしりさく》のように「怪獣」経験を自らのアイデンティティと重ねてシリアスに語る人もいる。僅かな生年の違い、育った場所の違いなどが、おそらく嗜好の違いを生むのだろう。

だが、それを愛したか否かの違いは、実は大きな意味を持たない。ゴジラとのすれ違いは、ぼくだけでなく、戦後日本が広く経験したものではなかったか——、今回、改めてその初期の作品を調べてみてそう感じた。

ゴジラはどのような経緯で誕生したのか。

四六年三月、チャーチルはアメリカのフルトンで演説をした。「今日バルト海のシュテッティンからアドリア海のトリエステにいたるまで、大陸を横断して鉄のカーテンがおろされている」。ソ連の支配圏拡大の意図についての危機感表明だった。これは日本で「原子力的日光の中でのひなたぼっこ」が口にされ、戦後憲法が成立しようとしていた時期でもある。翌年三月、トルーマンはギリシャ、トルコに軍事援助を行って両国の革命闘争を鎮圧するつもりであると議会で明らかにし、社会主義国に対して「封じ込め」政策を取ると宣言した。対応してソ連は四八年六月二四日、西側諸国が占領統治していた西ベルリンへの鉄道輸送路を封鎖。ここにいわゆる「ベルリン危機」が勃発する。

西側諸国は封鎖された陸路を頭ごしに越えて、空輸で西ベルリンに物資を運輸する緊急措置で対抗、アメリカは七月中旬に原爆搭載可能なB29をイギリスに派遣したと記者発表する。これは牽制効果を狙ったブラフだったとされるが、トルーマン政権が初めて核を外交手段にちらつかせたという点で大きな意味を持つものだった（吉田文彦『証言・核抑止の世紀』朝日選書、二〇〇〇年)。

しかし、そんなアメリカの核独占は短い期間で終わる。四九年九月三日、カムチャッカ半島周辺を飛行していたアメリカの気象探査機が空中に漂う放射性物質を把捉する。それは時期的にみてアメリカの核実験の生成物ではありえなかった。二三日、ホワイトハウスはソ連が核兵器を使用可能なかたちで持ったことを発表する。核を備えて両大国がにらみ合う冷戦の構図がこうして導かれる。トルーマンはソ連の核武装を上回るために五〇年一月に水爆開発を命じた。しかしソ連ももちろん遅れを取るつもりはなかった。

実際、アメリカは朝鮮戦争中に二度、核兵器の使用を検討してもいた。中国軍が南進をはじめたとき「共産中国、ソ連東部、そのほかどこへでも」原爆を使用するようマッカーサーから圧力を受けていたことをトルーマンは六〇年になってから明らかにした。これが理由のひとつとなってマッカーサーはトルーマンに解任されているが、その後もアイゼンハウアー将軍と会見し、北朝鮮、中国東北部、中国沿岸への核兵器使用の必要性を強調した。アイゼンハウアーはトルーマンよりもこの考えに協調的で、これも後になってから明らかになったが、北朝鮮が五三年の休戦協定に調印しなかったら核を使っていただろうと述べている（フィリップ・ナイトリー『戦争報道の内幕』芳地昌三訳、時事通信社、一九八七年)。

サンフランシスコ講和と原子力のあさあけ

当時の日本はどのような状況にあったか。

一九五一年九月八日、第二次大戦に敗れてアメリカなどの連合国の占領下にあった日本は六年ぶりに国際社会への復帰を認められた。この日午前一〇時過ぎ、サンフランシスコ市のオペラハウスで、対日講和条約の調印式が行われる。アメリカほか四八ヵ国の代表が署名したあと、吉田茂首相、池田《いけだ》勇人《はやと》蔵相ら日本全権が署名した。

講和条約の内容は、日本と連合国側との戦争状態を正式に終結させて、日本領土・領海を画定、賠償支払いや日本の海外資産の取り扱いを決めるものだった。条約締結はアメリカ主導で行われ、事前にアメリカが各国と意見を調整した条約案が米英両国の共同草案として講和会議に提出された。五日間にわたる会議では各国が演説を行うだけで、一切、条約案の検討や修整が行われなかったことがその根回しの周到さを窺わせた。

それはあくまでも冷戦構造下の条約締結だった。会議に参加した五二ヵ国のうち、ソビエト連邦とチェコスロバキア、ポーランドの三ヵ国が、条約内容や修整を認めない会議運営、更に中国が会議に参加していないことを不満として調印式を欠席している。ソ連のグロムイコ外務次官は「米英草案は平和の条約ではなく、極東における新しい戦争準備の条約だ」と反発。グロムイコは条約締結九〇日後に日本から連合軍が撤退すること、以後いかなる国も日本に基地を置かないことを主張したが、逆に講和条約締結と同日に日米安保条約が締結されることで、その主張は反《ほ》古《ご》にされた。

こうした経緯によって、この五一年九月八日こそ日本がアメリカの傘の下に入った運命の日だったとされる。このように自由主義陣営の一員としての主権回復、国際世界への復帰を選択したことについては当然、批判の声があがる。当時、滋賀県の県立高校生だった日本近代史研究者・佐々木隆爾《ささきりゅうじ》は、サンフランシスコ講和条約が発効した五二年四月二八日に高校の合唱クラブの一員として講和祝典歌『日本のあさあけ』（吉田茂の委嘱を受けて斎藤茂吉《さいとうもきち》が作詞し、信時潔《のぶときkiよし》が作曲したもの）を朝礼で歌った時の記憶を書いている（佐々木『サンフランシスコ講和』岩波ブックレット、一九八八年）。

晴れの舞台を前に練習を重ねていた佐々木は、高揚した気持ちで一ヵ月ほど前に京都に転校していた女子クラスメイトに手紙を書いた。するとその返事は「あなたがこのような歌に熱をあげる人だとは思わなかった。みそこなった」という冷たい文面だった。「この講和をそんなに手ばなしでよろこんでよいものでしょうか」という言葉で手紙は結ばれていたという。「今から思えば、二人の手紙のなかの対立は、当時二分されていた国論の縮図だったのだろう」と佐々木は回顧して書いている。

サンフランシスコ条約の単独講和は「わが国の中立的性格を放棄し、その瞬間に敵か味方かの決断を敢えてすることになり、わが国はもちろん、世界をふたたび戦争に追いやる動因となるであろう」。東大総長・南原繁《なんばらしげる》は五〇年三月の卒業式式辞でそう述べ、その言葉はそのまま『世界』五〇年五月号に掲載された。全面講和を目指す理想を安易に手放すべきではない。日本が今度こそ戦争の動因になるのではなく、世界平和の動因になるためにも――。そう主張する全面講和論者は単独講和を「短見にして速断的（南原）」と評した。安倍能成《あべよししげ》らの「平和問題談話会」（「一九八〇年論」に登場する清水幾太郎もそのメンバーだった）も『世界』五〇年一月号で単独講和は「たとえ名前は講和であっても、実質はかえってあらたに戦争の危機を増大するもの」と訴えていた。

このサンフランシスコ講和が回復したのは独立だけではなかった。

サンフランシスコ講和を受けて原子力研究再開に向けての動きも表面化し、五二年には学術会議副会長の茅誠司《かやせいじ》が原子力委員会設置のアイディアを公式に発表している。この茅提案に基づき、学術会議第四部（理学）において委員会運営についての原案作成が行われた。ところがこの動きを察知した若手物理学者の間で反対運動が起きる。「現状において政府主導で日本の原子力研究が進められた場合、対米従属および研究体制のもとでの軍事がらみの開発になる危険性が高い」というのが彼等の主張だった（吉岡斉《ひとし》『原子力の社会史』朝日新聞社、一九九九年）。

特に茅が原子力委員会の名を使ったことが強い反発を招いた。それは核兵器を管理するアメリカの原子力委員会AEC（Atomic Energy Commision）を彷彿させるというのだ。自ら広島で被爆した物理学者・三村剛昂《みむらよしたか》のように「ソ米（当時の発言ママ）のテンションが解けるまで日本は原子力研究をしてはならない」と主張する意見もあった。そこにはサンフランシスコ講和を巡る意見対立がそのまま持ち込まれていた。

こうして日本学術会議で原子力研究をいかに行うべきかの議論を繰り広げているときに、国際状況が変わった。一九五三年の国連総会でアイゼンハウアーが「原子力を平和目的に利用すべし」とぶちあげた。そしてこのスローガンに呼応するように中曽根康弘《なかそねやすひろ》代議士によって「原子炉築造予算二億三五〇〇万円」が国会に提出され、可決されている。

これは、伏見康治《ふしみこうじ》ら核物理学者を中心とする科学者サイドにしてみれば青天の霹靂だった。学術会議は科学に関する重要事項を審議し、実現を図るための組織である。ところがその学術会議を飛び越して原子力関係の予算が通過してしまうのだ。

「二月末日の新聞で、三派会議の結果、原子炉築造のための予算二億三千五百万円が組まれたという記事を見た時、文字通り私はあっと声をあげた。数日前上野で、原子力研究をどう進めるべきかの公聴会を開いたばかりで、これは藤岡由夫《ふじおかよしお》さんが長い間の原子力問題のデッドロックを打開するために計画した討論会で、一応の成功を収めたと見られるものであった。それが打開も打開、研究者たちの知らないところで、まったく新しい局面が展開されようとしているのである」（『あれからもう一〇年』伏見康治著作集第七巻、みすず書房、一九八七年）。

伏見は日本学術会議原子力問題委員長だった藤岡由夫に電報を打って注意を喚起し、弟子の結婚式への出席予定をキャンセルして（弟子は哀れにも核の犠牲者になった）あわてて上京した。東京ではすでに茅と藤岡が中曽根と議論を交わしていた。日本学術会議では朝永振一郎《ともながしんいちろう》が原子力特別委員会の臨時会合を開いて策を練っていた。

興奮で寝付けない伏見は夜遅くまでかけて「原子力憲章草案」を書いた。それは「もちろん原子力をあくまでも平和利用に限定して研究開発利用して行くべきことを強調したものであるが、平和に限定するための具体的条件をうたい上げたものである。それは現在伝えられている〈三原則〉よりはもっと条件も多く、立ち入ったことを主張したもの」だったという(前掲書)。

「立ち入ったこと」の内容としては、たとえば原子力施設関係への外国資本導入をいっさい認めない、原子力に関する特許はいっさい認めない、などがあったことを伏見は後に回顧している。

この草案が朝永の原子力特別委員会を経由して、きわめて基本的な三つの内容に収束されて、四月の学術会議総会で決議、日本の原子力研究の原則となる。三つの内容をキーワード的に取り出したものが「民主、自主、公開」だ。

伏見はそのそれぞれについて注釈をつけている。

(1) 公開の原則が、軍事に秘密はつきものだから、機密を否定する条件が原子力兵器化への最大のとりでになると考えたのである。
実はこれは私のオリジナリティ(原文ママ)ではない。ちょうどそれより一年前、武谷《たけたに》三男《みつお》さんが『改造』というその後廃刊になった雑誌で、この条件をつけることによって、原子力研究を始めようと提案していたのである。ただその後原子核研究者の中で原子力反対の気運が盛り上がってきたときに、武谷さんはそんなことはいわなかったような顔をしただけである。

(2) 自主の原則の自主は、日本国民の自主的主体的立場をいっているのである。原子力の先生はみんな悪い先生だから（原子兵器開発から出発したという意味で）技術的知識は教えてもらうが、精神は教えてもらわないという和魂洋才主義である。

(3) 民主の原則の民主は、草案を書いた私の腹づもりでは、原子力研究所の民主的経営ということが主眼であった。上の方の人の専断で物がきめられたりしてはどうなるかわからないという危惧に対する防波堤のつもりであった（前掲書）。

若手学者らの反発を受けて議論百出した学術会議での議論を踏まえたこの三原則は、その年の暮れにできた原子力基本法の中にも盛り込まれている。

中曽根の野望と第五福竜丸の被爆

原子力予算を通過させた中曽根は、それにしてもなぜ原子力に興味を抱いたのだろうか。予算案自体は中曽根のイニシアティブで作られたものではなく、当時、中曽根と同じく改進党の議員を務め、後にTDKを創業することになる齋藤憲三《さいとうけんぞう》が、予算案上程の約二週間前に改進党の秋田大会からの帰路、後に法相となる稲葉《いなば》修《おさむ》らと語らううちに生まれてきたものだとされている。

中曽根はたまたまその時に予算委員だったために上程を担当したに過ぎないとも言われる。ただし、このタイミングでの上程は後述するようにあまりに出来すぎていた。そこには伏線があっただろうと、佐野眞一《さのしんいち》は『巨怪伝』（文藝春秋、一九九四年）の中で推測している。中曽根は一九五三年七月から一一月までハーバード大学の国際問題研究会に出席するために渡米している。この旅の途中で彼の面倒をみたのは当時ハーバードの助教授だったヘンリー・キッシンジャーだった。中曽根はキッシンジャーの講義を聴いてかねてよりの持説だった再軍備論へと一段と傾倒を強めた。そして日本から元海軍大佐の大井篤《おおいあつし》を招き、アメリカでの軍関係施設視察の便宜を諮ってもらう。大井はＧＨＱ参謀第二部（通称ＧⅡ）部長で反共主義者として知られるウィロビーと通じていた。

　再軍備への意志を持って活発に動き回る若き日本人をアメリカ政府は、来たるべき世界秩序を作る上で利用できると考えたのではないか——。それが佐野の推理だ。

「元内務官僚で、日米同盟の早期締結と日本防衛論を早くから提唱していた中曽根は、冷戦に向かう世界情勢をにらみつつあったアメリカにとって、最高の利用価値をもつ日本人政治家として映ったことは想像に難くない」（『巨怪伝』）

　たとえば中曽根自身が自伝に記す「この時、私はアメリカの原子力平和利用研究の進捗ぶりをつぶさに視察して回った」という言葉の背景に、佐野は政治力学の作用を見取る。当時のアメリカで核の機密は強く守られていた。たとえばローゼンバーグ夫妻がそれをソ連に流したという疑惑をかけられ死刑に処せられている。そんな核技術の状況を中曽根が自分の意志だけで軽々と視察できるとは考えにくい。そして原子力平和利用が謳い上げられるのは中曽根が帰国した直後の一二月。そしてその予算案提出はビキニ環礁でアメリカが水爆実験を行った二日後だった。その時点において実験で何が起きたかはまだ日本人の誰もが知らなかった——。

三月一日にビキニ環礁で操業中だった第五福竜丸の乗組員が核実験と思われる火の玉を目撃する。「太陽が西から昇ったような火の玉をみた」。乗組員の一人がそう証言したのはその帰国後だった。「太陽」とはアメリカの水爆実験で生じた光球だった。アメリカの最初の実戦型水爆として開発された「ブラボー」は五メガトン（広島級原爆の二五〇倍）の爆発力を発揮するだけでなく、広範囲に放射線の影響を及ぼせるよう死の灰を多く発生させる工夫を施した、いわゆる「汚い爆弾」だった。３Ｆ爆弾と呼ばれ、まず起爆用の原爆の熱と爆圧で重水素化リチウムの核融合反応を引き起こさせ、そこから出る高速中性子で更に外側を囲う天然ウランに核分裂反応を起こさせるという三段階過程を辿って爆発する。核分裂生成物＝死の灰が大量に生成され、広く飛散するので、爆発の破壊力だけでなく、被曝によっても敵に深刻なダメージを与えることが期待されていた。

その効果は——、アメリカが予想していたより遥かに大きかった。第五福竜丸は爆心地から一五〇キロメートルも離れていたにもかかわらず、上空から降り注ぐ死の灰によって船体がまるで雪が積もったように白くなったという。その灰に触れた皮膚が赤黒い水膨れとなり、驚いた船員は急いで焼津港に帰港する。乗船者のうち二三名が放射線症と診断され、一人が死亡した。

そして第五福竜丸だけではなく同じ時期に太平洋で操業していた多くの船の積み荷もまた放射線に汚染されていることが分かる。廃棄された魚は四五七トンに及んだ。

アメリカ政府はこうした経過に対して誠実とはいいかねる対応をした。日本側は治療のため灰の内容物を知りたがったが、それには応えず、火傷の薬を送ってきた。三月三一日ストラウス米国原子力委員会委員長は「この船（第五福竜丸）は確かに危険地域にいたに違いない。漁夫たちの皮膚障害は放射能によるものではなく、変質したサンゴ礁物質の化学作用と考えるべきである。水爆実験でマグロなどの魚が広範囲に渡って汚染された証拠はない。海中に落ちた灰は五〇〇海里（九二五キロメートル）も漂流すると薄められて無害になるからである」と主張する声明を出した（長崎正幸『核問題入門』勁草書房、一九九八年）。

実際には第五福竜丸の被爆した場所は当初、宣告されていた操業禁止立入禁止区域の外であり、その意味では船員達はまったく合法的な操業を行っていた。ただ原子力委員会は事後的に立入禁止区域を拡大している。これは当初の想定を凌駕する被曝がありえたことを自ら認めた措置だった。そして米国の輸入業者が三月一九日に日本の漁業関係者に冷凍及び、缶詰マグロの積み出しを禁止し、切り口からガイガーカウンターを差し込む精密検査をするように命じた。厚生省の検査証明書をつけることを要求してもいる。汚染は明白かつ周知の事実だった。

しかし、それでもアメリカ政府は建前上被曝事故はなかったという主張を堅持し、五四年一一月一五日から開催された「放射性物質の影響と利用に関する日米合同会議」には原子力委員会の学者や情報部長までをも出席させ、今までの基準の千倍くらいまでを安全と見なす新しいアメリカの考え方を手を換え品を換え開陳する。これに呼応する日本側の動きもあり、「原子マグロは食べても安全」と主張する学者や、「ラジウム温泉付近の住民が遺伝的にどうこうという問題が起きたという話はない」と発言する厚生省官僚などが、放射線の危険性を低く見積もろうとした。やがて日本政府はアメリカから補償金二〇〇万ドルを得ることでマグロ検査の続行を打ち切っている。つまりは政治的な決着をはかったのだ。

こうした経緯に感情的な反発が強まる。東京杉並の主婦グループが起こした原水爆禁止運動は瞬く間に全国に広がり、五四年八月八日には原水爆禁止署名運動全国協議会が結成され、同年一二月一四日までに二〇〇〇万人を突破する署名を集めた。

しかしそのとき既に中曽根によって原子力関係予算は国会を通過しており、ヒロシマ、ナガサキに続いて三度も被爆した日本が、自らも、しかもアメリカの影響下で核開発に向けて舵を切ることは既成事実となっていた。もしも中曽根の予算案提出が「第三の被爆」が発覚した三月一六日以後であれば、反核の世論を前に予算案提出は困難だったろう。吉岡斉も『原子力の社会史』で「おそらくアメリカの原子力政策の大きな転換が進行中であることを熟知していた協力者がおり、その個人またはグループが中曽根に情報を伝えたのだろう」と記している（ただし、吉岡は「もっとも当時、民族主義的な核武装論者とみられていた中曽根が、アメリカの核物質、核技術の移転解禁のニュースを聞いて、ただちにアメリカからの核物質、核技術の導入を決断したというのは常識的にはややわかりにくいストーリーである。なぜならアメリカ依存の核開発路線をとることによって日本の自主的な核武装がかえって困難となる可能性が高かったからである。真の核武装論ならば、開発初期における多大の困難を承知のうえで自主開発をめざすほうが筋が通っている。当時の中曽根の真意がどこにあったのかは不明である」と留保を記してもいる）。

ゴジラ誕生

そんな当時の状況が『ゴジラ』に影を落としている。

五四年四月、東宝映画のプロデューサー田中友幸《たなかともゆき》はインドネシアから帰国の途にあった。半年前から企画していた日本・インドネシア合作映画『栄光のかげに』が、突如製作中止となり、責任者の彼は窮地に追い込まれていた。そんな田中が帰国便の飛行機の窓から南の海を見下ろす。その時、南海の水爆実験で怪獣が生まれるストーリー映画をもって『栄光のかげに』に替えようと思いついたのは、まさに第五福竜丸の被爆事件があってこそだった。

田中は帰国後、テーマを水爆実験の恐怖、仮題『海底二万哩から来た怪獣』として企画書を書き、会議に提出した。これが以前からトリック映画に関心を持っていた森岩雄《もりいわお》・製作本部長の眼に止まり、実現の運びとなる。

映画はやがて「G作品」と呼ばれる（Gはジャイアントの略称だった）ようになり、製作スタッフの人選が始められる。田中は怪奇ものを得意としていた香山滋《かやましげる》に原作を頼み、東宝特技部の円谷英二《つぶらやえいじ》に特撮を依頼した。円谷は巨大なタコを特撮で映して登場させる映画を企画して、実らせられなかった経緯があったため、「今度こそ」の思いから田中の申し出を受けた。実は円谷は「G作品」でも巨大タコを主役にしようとしたが、田中は恐竜を登場させることを決定する。

監督は最初、『栄光のかげに』を撮る予定だった谷口千吉に白羽の矢を立てたが断られた。そこで同じ山本嘉次郎門下で黒沢明らと共に助監督を務めていた本多猪四郎《ほんだいしろう》に頼む。周囲は本多に「化け物映画など撮ると本格的な作品が二度と作れなくなる」と反対したが、谷口と異なり、本多は田中の申し出を快諾した。本多は出征先からの帰還の途上で、原爆で荒野と化した広島を見ており、その経験から水爆怪獣の映画を撮らなければという思いを持っていたのではないかと推測されている（冠木《かぶき》新市企画・構成『ゴジラ・デイズ』集英社、一九九三年）。

やがて「G作品」に名前が付く。その名は当時の東宝社員の愛称——グジラに由来するという説がある。田中はその語呂の良さを気に入って、似た音のゴジラという名をつくったとか。

では、そのゴジラはどんな姿形にするか。今思う以上に、そこには核が意識されている。実寸二メートルのぬいぐるみの皮膚は、当初、鱗を貼ることも検討されたが、ケロイドをイメージさせる表面処理が工夫されたという。背びれは放射能を帯びて青く光るという設定だったし、口から吐くのは放射性火炎だった。

ゴジラは水爆実験によって被曝して巨大化したため、同じく核によって被爆した日本を目指すのだと説明されていた。そして上陸を果たしたゴジラによって破壊され、焦土と化した東京で女性が「あたし、長崎の原爆でも生き延びたのに、こんどはこれだわ！」とセリフを呟くシーンが登場。ゴジラはヒロシマ・ナガサキの二度の被爆に次ぐ災厄という位置づけになっている。映画の中では第五福竜丸事件の代わりにゴジラ来襲があるのだ。

こうした設定を受け入れる土壌もあったようだ。広告ポスターには「水爆大怪獣」「突如、日本本土を襲う二百万年前の怪獣ゴジラ。水爆実験の海底から甦って迫り来る脅威」と謳われていた。核を主要なモチーフにした映画が興行的に成立する雰囲気があった。

しかし初代『ゴジラ』の核描写は、実はこうした舞台設定やディテイルに留まらない。ストーリー全体が実は核の問題を深く抉《えぐ》るものとなっている。

たとえば、南海の小島で発見されたゴジラが水爆実験によって古代の恐竜が地中から甦り、巨大化したものだと発表した古生物学者・山根恭平博士は、放射線を浴びても死ななかったゴジラを研究すべきだと主張する。その立場は当時の時代背景を考えると意味深長だ。博士の関心はゴジラよりむしろ核に向いている。これからは核戦争がいつ起きるか分からない。だから、被曝しても死なない理由の研究に踏み出すべきだと彼は考えている。しかしゴジラが実在し、人々の暮らしを破壊しようとしている映画世界の中で、山根博士の意見は聞き入れられず世論に無視される。世論はなんとしてもゴジラを撃退すべしと考える。

問題はどうやってゴジラにうち勝つかだ。ゴジラを封じる力を発揮するには、核兵器以上の兵器を使わなければならない。そこで芹沢大介博士の登場が要請される。山根博士の弟子筋に当たる彼は、かつて博士の娘・美恵子と婚約していた。しかしその婚約は既に有名無実化していた。芹沢博士は戦争で片目を失う大怪我をしてから、美恵子を含め、あらゆる人との接触を避け、世間から隠棲してひっそりと研究を続けるようになっていた。

ところが、そんな芹沢がゴジラを撃退できるかもしれない新兵器を開発しているらしいという話を美恵子はある新聞記者から聞く。新聞記者から芹沢との仲介を依頼された彼女は、久しぶりに元の許婚《いいなずけ》に会いに出かける。研究室で芹沢は「誰にも話してはならない」と口止めした上で美恵子だけを地下室に招き入れ、オキシジェン・デストロイヤーという装置の実験を見せる。それは酸素を破壊することで生物の身体を分解してしまう強力な兵器だった。その余りの威力に驚いた美恵子は、芹沢が述べる「技術は一度、誰かが使ってしまえばかならず悪用されるものだから使ってはならない」という論理に納得し、研究室を辞す。

しかし、二度目のゴジラの上陸で東京が破壊され尽くされ、多くの人が死に、遺族が悲しむ姿を見て、美恵子は考えを変える。やはりゴジラは撃退されるべきだ――、そして約束を破り、現恋人でダイバーの尾形大介にオキシジェン・デストロイヤーの秘密を話し、彼と共に再び芹沢の研究室を訪ねる。

二人の訪問を受けた芹沢は、最初、オキシジェン・デストロイヤーの使用をあくまでも拒む。「いまこれを使用すれば軍事利用の恐れがある」という言葉は、学術会議の原子力研究再開に反対する主張に呼応するかのようだ。

だが、やがて諦めたように芹沢はその使用を許す。この変心の描写はなかなか味わい深い。悲惨な被害をこれ以上繰り返してはならないと訴える美恵子達の真摯な態度に心打たれたようであり、同時に美恵子の気持ちが既にすっかり尾形に移っていることを知って、すべての執着を失ったようにも見える。

そして芹沢は尾形や山根博士らと共に船出し、南海でゴジラを迎え撃つ。潜水服に身を包み、尾形と共にオキシジェン・デストロイヤーを水中に設置する作業を終えた後、芹沢は命綱を自ら断ち切り、海中に残って悪魔の装置を作動させる。酸素が破壊された水泡が海中に溢れ出す中、ゴジラと共に彼の身体も分解されて行く――。それは最愛の婚約者を失って、もはや生きることへの執着を得られずに選んだ自殺とも解釈できるが、同時に最終兵器を正義のために一度だけ用い、後にそれが悪用される道を自ら封じた、科学者としてのモラルに殉じた行動のようにも考えられる演出となっている。

こうした芹沢の行動は、核の力を封印することが出来なかった戦後世界を逆照射せざるを得ない。『ゴジラ』は一種の最終兵器論とも解釈できる作品に仕上がっていた。それは被爆の事実を曖昧にしてアメリカの傘の中に入る選択をした当時の日本の情勢に対しても一石を投じるものだった。

では、そんな『ゴジラ』は日本人以外、特にアメリカ人にどう捉えられたか。実はそれを知る上で恰好のテキストがある。初代『ゴジラ』はアメリカでテリー・モースによって再編集され、新規カットを追加されたリメイク版が造られているのだ。その時にどのような変形を施されたかがアメリカ人によるゴジラ理解を知る回路を開いてくれる。

文化史家ピーター・ミュソッフは『ゴジラとは何か』（小野耕世訳、講談社、一九九八年）で再編集版監督モースが「このSF物語の現実との接点となっていた核の問題を正面切ってとりあげることを断固として拒否した」と書いている。確かにゴジラが水爆実験によって生まれたという設定は省略されて、アメリカ版ゴジラでは単に珍しい生物が登場したということになっている。「あたし、長崎の原爆でも生き延びたのに――」という先に引いたセリフもカットされてしまった。

だが、ゴジラから核に言及する部分がこうした割愛された変形の操作を、政府の隠蔽政策の一環だと考えるミュソッフの立場は実は矛盾をはらむ。彼は「（当時、水爆実験の）危険性についてアメリカ大衆はまったく事実を知らされていなかった」と書いているが、彼自身も触れているように五〇年代のアメリカは核兵器を登場させる映画を濫作していた。その中に核兵器の放射線で生物が巨大化するというモチーフも繰り返し登場し、『プルトニウム人間現る』では巨大人間が出てくるし、水爆実験で目覚めた怪物が都会を破壊する『原子怪獣現わる』というゴジラそっくりな映画（ただし怪獣が最後に放射能アイソトープ弾で退治されるなど原子力＝善という設定となっている）すら五三年に作られている（田中はこの映画を知っており、それがゴジラを思いつくもう一つの伏線になっていた)。具体的な水爆実験の遂行状況は確かに軍事機密で、正確な事実を踏まえた創作は不可能だったろうが、少なくとも水爆実験を物語の舞台装置として利用する程度の想像力はアメリカ人の間で共有されていた。

それゆえアメリカ版の編集方針が核を隠蔽する操作を伴っていたと考えるのはやや深読みが過ぎるだろう。そうではなく、最終兵器に関する議論が省略されたと解釈した方が適当だ。では、なぜそれが省略されたか。理由はおそらくもっとシンプルで、最終兵器に関する議論を持ち込むと映画自体が重くなり過ぎ、娯楽作品として不適当だったからではなかったか。先にも述べたように、山根博士の主張も映画の中で扱われるには消化不良気味だ。日本版ゴジラでは科学者自身が自らを葬ることで最終兵器を正義のためだけに使う道を示したが、そうした「滅私奉公」の姿勢もアメリカの観客に受け入れられるかは不明だ。

かといって最終兵器に対してどのような態度で臨めば倫理的かと考え出すと難しい。現実には核兵器の国際管理案なども、戦後の一時期には浮上していたが頓挫している。最終兵器をどう管理すべきかの問題は現実社会において解決を見ていない。それを軽々と扱った映画はリアリティがなくなるし、とはいえ本格的に扱おうとすると娯楽作品として相応《ふさわ》しくなくなる――。モースはまさに興行性を重視する映画プロデューサーとしてそう判断し、最終兵器論の部分を一切割愛したのではないか。そこで芹沢の自死は最終兵器を一度しか使えないものにするためという性格を薄められ、むしろ叶わぬ恋に殉じるロマンティックな色彩を強めて描かれる。

そして、ここからが重要だが、こうしたエンターテイメントの側へのシフトは、アメリカ製ゴジラの特徴だけではなくなる。国内での二作目『ゴジラの逆襲』でも最終兵器問題は一切登場しない。そこでは自衛隊を彷彿させる「日本防衛軍」の戦闘機部隊が通常兵器による攻撃を行い、雪山に雪崩を起こさせて、ゴジラをその中に封鎖する。人間の英知が遥かに巨大な怪物をやっつけるという古典的ストーリーは薄っぺらなエンターテイメントにはまことに相応しい。

核エネルギーの利用法を厳しく管理しようとする志がだらしなく弛緩してゆく国際情勢、そして、その中で同じように流されて行く日本の状況は、こうして映画にも反映している。第三作の『キングコング対ゴジラ』になると、脱「最終兵器論」化、エンターテイメント指向は極限まで押し進められる。この作品は端々に喜劇のエッセンスを盛り込んで観客を厭きないようにさせている。初代ゴジラのどうしようもない暗さはそこから完全に払拭されている。

実はキングコングもまたゴジラ誕生の遠因になったもので、田中は関西大学在学中にその映画を観て、大いに感心した経験を有していた。その『キングコング』が、五三年にリバイバル上映されて日本でもそこそこヒットしていたことが、日本でも怪獣映画がイケるという判断に繋がり、「G作品」企画の実現に追い風として吹いている。つまりキングコングは早くからゴジラの作り手達に親しく意識されていた存在だった。

そんなキングコングの登場が、この作品の性格を決定づける。この映画でもキングコングは若い女性をつまみあげる。それはマンハッタンの摩天楼を舞台に暴れた元祖キングコングを彷彿させる。そこで視聴者はキングコングがアメリカからやってきた怪物、アメリカ製のモンスターだということを改めて再認識する。となると、それを迎え撃つゴジラは対抗上「日本の怪獣」という性格を色濃くせざるをえない。実際、劇中の登場人物が「ゴジラの故郷は日本だ」とも言う箇所もある。これはアメリカの水爆実験で誕生した（つまりアメリカが生み出した）怪獣だったはずのゴジラの出自を曖昧にする。それは戦後日本人が自分たちの歴史的な根拠を忘却した過程とある種シンクロしているとはいえまいか。

こうして、にわかに日米決戦の性格を持たされたキングコング対ゴジラの対決は、妙な結末に至る。熱海沖で戦った両者は取っ組み合ったまま一度、水中に没し、再び海上に姿を現したキングコングは海の中を沖の方（アメリカの方？）に帰って行く。ゴジラは二度と姿を現さない。この勝負、どちらが勝ったのか。キングコングの生存が確かなのに、ゴジラは不明だ。その意味ではキングコングに分があるが、両者が海底に潜った時に起きた地震はゴジラが地層深くにある彼のねぐらに戻ったからとも解釈できる。要するに勝敗が明確ではない。

この曖昧な結末に当時の日米関係が（逆説的なかたちで）反映していると考えるのは、果たして過剰な読み込みだろうか。『キングコング対ゴジラ』の完成は六二年。騒乱の末、日米安保条約が締結された記憶がまだ新しい時期だ。

そんな時期にゴジラ（日本）がキングコング（アメリカ）を撃退する映画を撮っても、逆にキングコング（アメリカ）にゴジラ（日本）が蹂躙される映画にしても政治的なメッセージを読みとられかねない。そこで、そうした解釈を避ける逃げの一手として勝負を明確につけない結末が採用されたのではなかったか。

こうしてゴジラ映画は、政治の問題を回避し、現実の歴史から離れた絵空事になってゆく。実は最初の『ゴジラ』からして、いつ再び怪獣が襲来するかわからないのに、デストロイヤーを二度と使えないように封印してしまう芹沢をヒロイックに描くなど、佐藤健志に『ゴジラとヤマトとぼくらの民主主義』（文藝春秋、一九九二年）で「被害者意識にもとづいた責任放棄」と評される面は確かにある。しかし、それにしても、そこには最終兵器と向かい合おうとする緊張感が少なくともあった。以後のシリーズ作品はそうした緊張感すら失い、完全に子供向けとして定着、『〇〇対ゴジラ』の格闘バトルスタイルを延々と繰り返すだけになってゆく。

ぼくははなからそれに近寄らなかったが、熱心に見ていた人も大差はない。いずれにせよ、最初のゴジラが提示していた核の問題への視点を人々は真摯に受け止めてはいなかった。

こうしてゴジラ映画が辿った軌跡は、三度に及んだ自らの被爆の歴史を戦後世界の方向付け、核に対する毅然とした姿勢の提示に生かせなかった日本戦後史の軌跡と一種の平行関係にあったと言えるのかも知れない。

一九五七年論　ウラン爺の伝説――科学と反科学の間で揺らぐ「信頼」

「毒には毒を」

一九五七年一〇月九日、その男は喜びの絶頂にあった。なにしろその日から、ただの石ころを掘り出せば、それが彼に億の富を届けてくれる宝になるはずだったからだ。

男の名は東善作《あずまぜんさく》。当時、「ウラン爺」として巷で有名だった人物である。彼がその愛称で広く知られるに至ったのは、ガイガーカウンター片手に日本全国津々浦々を行脚して回っていたからだ――。

佐野眞一『巨怪伝』は、前章で取り上げた中曽根康弘の渡米の件を含め、原子力発電導入の黎明期について数章が割かれ、丁寧な取材によって通常の原子力広報、反原子力啓蒙活動の類が知らせる事実の裏側までを描き出して行く、非常に優れた報告になっている。これは、同作がメディア王として君臨した怪物的な立志伝中の人物・正力松太郎の評伝を描き出すことが主目的であり、原子力に対する価値判断を佐野が直接的に求められておらず、原子力推進、反対の文脈にあらかじめ組み込まれずに済んだことが作品にプラスに作用しているように思う。

そんな同書の貢献として特に大きいのは、従来の原子力関係の資料で取り上げられることのなかった柴田秀利《しばたひでとし》という人物にスポットを当てたことだろう。

第五福竜丸の被爆事故で、反核感情が大きく高まることに柴田は強い危機感を持っていた。報知新聞記者から読売新聞社に入り、戦後同社に吹き荒れた労働争議の解決に大いに貢献し、後に読売テレビの社長を務めた柴田は——佐野も引用している部分だが——自伝でこう書いている。

「このまま放っておいたらせっかく敵から味方へと、営々として築き上げてきたアメリカとの友好関係に決定的な破局を招く。ワシントン政府までが深刻な懸念を抱くようになり、日米双方とも日夜対策に苦慮する日々が続いた。このときアメリカを代表して出てきたのが、D・S・ワトスンという私と同年輩の、肩書きを明かさない男だった」（『戦後マスコミ回遊記』中央公論社、一九八五年）

このワトスンは反核、そして反米感情の高まりを鎮めるために「何とか妙案はないか考えてくれ」と柴田に頼む。柴田は「日本には昔から、〝毒には毒をもって制する〟という諺がある。原子力は両刃の剣だ。原爆反対を潰すには、原子力の平和利用を大々的に謳い上げ、それによって、偉大な産業革命の明日に希望を与える他はない」（前掲書）と応えたという。

柴田が反核運動の高まりを苦々しく思い、ワトスンに協力したのには彼なりの考えもあった。柴田は日本にＴＶを導入する過程で、アメリカから一〇〇〇万ドルの借款を引き出した後、仲介の労を取ってくれたホールステッドの自宅で、彼の大学時代の友人であるヴァーノン・ウェルシュを紹介されている。ウェルシュはジェネラル・ダイナミックス社の副社長で、原子力の平和利用について柴田に説いた。「この説に私はまた、身震いせんばかりの喜びを覚えた。しかも彼の会社が目指しているのは、単なる核分裂による原子力発電ばかりではなく、究極の目標として、核融合による水素の平和利用を目指していると聞き、さらに一層巨大な未来が垣間見られてきた。さんさんたる陽光を浴び、パンツ一つで裏庭の丘に寝転びながら、その話を聞いたとき、私はますます洋々たる明日に生きる、新たな使命感に燃え立つ想いに駆り立てられていった」(前掲書)

憲法草案会議を震撼させた原子力の光は、ここにも射していたのか。柴田は少なくとも表現上は屈託なく、原子力的日光の注ぐ中に身をおこうとしている。

「当時の日本人ならだれでもそうだったと思う。敗戦、占領、貧困の苦汁をなめさせられた祖国が、混迷から抜け出して、経済と文化の復興に、間違いのない、確かな一歩を踏み出すという、夢と抱負に燃え立った時ほど、幸せな瞬間はあるまい。一〇〇〇万ドル、当時の換算で四〇億円という小切手を手にして、私はまさに幸せの絶頂にあった。テレビの全国ネットワークばかりか、世界最高の通信革命を起こし、エレクトロニクス技術をもとに、国の再建ができる。その上に、やがては原子力の平和利用によって、石油の一滴も出ない国に無限のエネルギー源を生み出させることもできる。夢はどんどんふくらんで、とどまるところを知らなかった」(前掲書)。

この時から柴田は原子力平和利用の夢を見るようになっていた。反核運動の高まりでその夢が砕かれそうになっていたときにワトスンが現れる。柴田はこのワトスンと「かつて帝国ホテルのパーティーで知り合い、文部大臣から衆議院議長となった松田竹千世の親友で、彼を通じて私がニューヨークシティ・バレエ団に留学させた笹田しげ子と恋仲になり、正式に結婚したいというので、相談に乗ったりしていた」という。そして、まさかCIA要員だったならば、国籍を異にする女性を娶《めと》るはずはないと思い、単刀直入に聞いてみると『違う、自分は国務省の人間である。ホワイト・ハウスと直結しているから、大使館など、まどろっこしいところを経由する必要はない』（同前）と彼が語ったと記している。佐野眞一は『巨怪伝』の中で「そのワトスンがなぜ柴田に近づいてきたかについては、柴田が物故し、ワトスンが黙している以上、確たることはわからない」と記している。

しかし、ワトスンは佐野の本が刊行された後にNHKの取材に応えている（『現代史スクープドキュメント――原発導入のシナリオ』一九九四年三月一六日放映）。NHKの取材では、ワトスンの知人がまず取材に応じ、彼はワトスンが「心理戦略に関与していた」と応えている。国務省資料にも「心理戦略が必要」との言葉があり、当時、USIS（合衆国情報局）が日本での原子力平和利用計画の宣伝を担当していたのは事実だった。

そしてNHKクルーはメキシコに住んでいたワトスン自身にも会っている。そこで彼は所属機関や日本での仕事の目的は明かさなかった。それは柴田にも伝えていなかったことだと番組の中で応えている。ただ、このNHKの取材で新たに発掘された新事実として、ワトスンが第五福竜丸事件以前から正力と会っていたということがある。それは柴田自身や、その自伝を資料とする佐野の書き方と異なる。とはいえ、その時点で正力は原子力に興味を示さなかったとワトスンは語る。やはり正力に「発火」するには柴田の介添えが必要だったということか。そして第五福竜丸事件以後の流れは、ほぼ柴田の記述と一致する。「日本は原子力を利用したがった。その必要性を理解して最大限に活用しようとしました。われわれも日本がプルトニウムの悪用さえしなければ良かった。それは我々が最初から望んでいたことで、何の悔いもありません」とワトスンは応えている。

ちなみにアメリカは日本以外の国とも二国間条約で核の利用法を定めることで連携を計っていたが、特に電力コストの高い日本は核政策の拠点として有力視されていた。それを告げる国務省資料も発掘されている。

しかし、その目論見が第五福竜丸事故で覆されかねなくなっていた。そうした状況を変化させたのが、柴田の薦めを受けて開始された（とされる）正力松太郎の読売新聞を用いたキャンペーンだった。

空前絶後のキャンペーン

正力は自らの政界進出をかけて原子力利用を謳い上げる。「空前絶後」を口癖としていた正力にとって、原子力は願ってもない存在だった。当時の読売新聞を見ると、原子力広報紙かと見紛うばかりに勇ましい活字が踊っている。そして、それまでにも読売新聞の部数拡大に盛んに採用されて来た、メディアをイベントと連動させる正力独特の手法がここでも繰り返された。アメリカから原子力平和使節団を呼んで五五年五月に日比谷公会堂で講演会を行う。同一〇月には日比谷公園を会場に原子力平和利用博覧会も開催させているし、さらにそれを読売新聞社主催で全国に巡回させもした。皇太子ご成婚が巨大なメディアイベントとなり、国民に戦後天皇制を受容させる上で貢献したが、核技術もまたメディアイベントの中で受容されて行く。

原子力平和利用を巡るキャンペーンが人心を掌握したのは、そのメッセージが当時の日本人の心情と共鳴したからでもあった。伏見の原子力三原則に先駆けて提示された武谷三男の提案にも見られた認識だが、原子力平和利用を原子力の「光」とし、軍事利用を「影」とする単純明快な二分法を採用し、日本人は、自らが被った〈影〉の深さゆえに〈光〉を享受する特別の権利と義務を持つと考える姿勢は、たとえば『核時代の想像力』（新潮社、一九七〇年）で「核開発は必要だということについてぼくはまったく賛成です。このエネルギー源を人類の生命の新しい要素にくわえることについて反対したいとは決して思わない。しかし、核開発を現にわが国で推進しようという人間は、核兵器の殺戮にかかわる側面、核兵器としての人類の死にかかわる側面を否定している人間でなければならない」と書く大江健三郎まで広く共有されていた。

だが、吉岡が指摘するように、この認識は妥当性を欠いている。「まず軍事利用と民事利用は大部分が重なっており、両者を区別できるという大前提そのものが妥当ではない。次に核問題というのは人類社会の存続にかかわる大問題であり、日本が過去の被害国という理由だけで特別の発言権を持つというのは妥当ではない」（『原子力の社会史』）。とはいえ、こうした批評的な見識は一向に広く持たれることがなく、正力の戦略は原子力平和利用への熱望を育てることに成功して行く。被爆があるからこそ、核の平和利用への期待が高まる。オセロゲームで、黒のコマを一気に白に変えるような見事な手腕で、正力は大衆社会の原子力への期待を煽りに煽り、それを一身に受け止めて衆議院議員に初当選を果たす。そして、軍民を統括するアメリカ原子力委員会と同じ名の組織を作って良いのかという、かつて学術会議で議論された問題など一切考慮することなく、強引に原子力委員会を設置して、自らその初代委員長に着任、初代科学技術庁長官として入閣も果たした。

ここまでは前章で触れた初期原子力技術受容史の続編である。そしてここからは原子力を受容する社会の「質」の検討へと移る。

この読売新聞を私物化した正力の原子力平和利用キャンペーンが、日本中をウラン鉱山探しにと狂奔させることになる。中曽根によって原子炉築造予算二億三五〇〇万円が認められたことは既に記したが、それと同時に国内ウラン鉱山調査費一五〇〇万円も計上されていた。原子力を利用するには燃料が必要だ。なんとか国内でウラン鉱を確保出来ないか――。それを受けて正力の読売新聞は「日本中を歩き回れ」（五六年一〇月六日）、「費用を掛けても採算はとれる」（一〇月七日）など相変わらずキャンペーンを打ち続け、日本中をあげてのウラン鉱脈探しを過熱させていた。

しかし、そうした渦中にあって、本格的なガイガーカウンターを携えて捜索したのは「ウラン爺」こと東善作しかいなかった。なにしろポータブルのガイガーカウンターは当時、通産省の地質研究室しか所有していないものだった。東はどうやってそれを手に入れたのか。それは彼が五三年四月の『リーダーズダイジェスト』である記事をみかけたことに端を発する。

「私（記事の記者）は、ウランといえば原子爆弾であり、それは大工場で生産され、ワシントンの巨大な役所、科学者、ゼロを何十も並べた数字、それに巨額な税金と結びつくものだと思っていた。しかしジョー・ブロッサーという男と出会ったとき〝この男こそがウランそのものである〟ということがわかった」

記事はそう書き出されていた。東の眼を惹いたのはジョー・ブロッサーという名前だった。ブロッサーは米国時代の東の飛行機仲間だった。

東は一八九三年石川県羽咋《はくい》郡に生まれる。岡山の関西中学に進む。当時の同窓生に後の経団連会長・土光敏光《どこうとしみつ》がいた。土光に言わせれば東は同期一の変わり種だったという。確かに中学時代の東は夜に芸者屋回りの人力車を引いて結構な実入りを得ていたというエピソードは印象的だ。卒業後は北陸新聞の記者になる。その時、取材活動の中で東京青山を皮切りに全国で曲芸飛行興行を繰り広げていたアメリカ人パイロット、アート・スミスの芸当をじかに見る機会に恵まれ、自分も飛行機乗りになることを志願する。

全財産を投げうって片道切符を買い、アメリカに渡った東は、農場手伝いや港湾のアルバイトを続けて資金を作り、飛行機学校に通った。そして第一次大戦が始まると、志願して、日本人唯一のパイロットとしてヨーロッパ戦線に参加。後には大西洋からヨーロッパ、シベリアを横断し、日本に飛来する三大陸横断飛行の快挙も成し遂げている。

ジョー・ブロッサーはその頃の東のパイロット仲間だった。経営の才のあったブロッサーは飛行機学校を西海岸に開き、成功していた。東はそれに刺激を受け、自分は日本で飛行機学校を作ろうと考えて帰国したのだ。しかし、その夢は破れ、しばらくコックなどで食いつないだ後、石川二区から衆議院議員選に立候補するも、落選。戦後はアメリカ修業時代に培った英語会話力を生かしてGHQ関係者に伊万里焼陶器や甲冑を売ってそこそこの財をなしていた。

東が『リーダーズダイジェスト』の記事を読んだのはその頃だった。記事によるとブロッサーは「彼のジープと飛行機とガイガーカウンターで、コロラドの高原に、大きなウラン鉱山を探し当て」たのだという。そしてその結果、億の財産を築いた。

ブロッサーに出来ることなら自分にも出来るはずだと東は思った。そしてガイガーカウンターの入手を企てる。購入には進駐軍相手の商売で貯めた金と人脈が生かされた。「東善作は帰国するアメリカ人に〈伊万里焼きのホンモノ〉などなどを託し、当時の〈外為法〉の裏をかいくぐって、ひそかに最新型のガイガーカウンターを取り寄せたらしい」(鈴木明『ある日本男児とアメリカ』中公新書、一九八二年）。そして全国行脚が始まる。

　五五年三月、ガイガーカウンター片手にウラン鉱山探しに明け暮れる東の様子が報じられると、その許に鳥取県倉吉市近郊の小鴨鉱山で金鉱を掘り続けていた石坂清富という男から郵便小包が届く。彼が発掘したという、普通の金鉱石とは外見の異なる鉱石は、写真用の乾板に当てると、それを感光させる力を持っていた。「これは」と思った東はその翌月、元GHQ天然資源局技術中佐だったホスキンスを連れて小鴨鉱山を視察に行き、鉱石を持ち帰っている。そして、それを八月に通産省地質調査所に持ち込み、検査を依頼。同所職員はその鉱石が極めて強い放射線を出していることに驚いた。このニュースを原子力広報紙と化していた当時の読売新聞が見逃すはずはなく、同年一二月一二日には「鳥取のウラン鉱に国際級の折紙」の見出しで大々的に報じている。

　地質調査室はその鉱石がどこから出たか、東に問いただすが、東は頑として口を割らない。そこでもう少し鉱石を送らせ、小包の消印から場所を割り出す策を弄した。それによると、鳥取・岡山県境がアヤシイということになる。そこで調査隊を編成し、ジープでの探索を始める。朝から辺りを走り回り、しかし、これといった収穫なしに日が暮れる。ジープが人形峠にさしかかる頃、シンチレーションカウンター〔蛍光物質に放射線が当たると発光することを利用して計測を行う検出器〕が反応した。ガイガーカウンターも鳴りっぱなしになる。これが後に小鴨鉱山を凌ぐスケールのウラン鉱山の本命として期待されることになる人形峠《にんぎょうとうげ》ウラン鉱山発見の瞬間だった。

翌朝、もう一度現地を訪れた調査隊はサンプルを持ち帰り、夜行列車で東京に戻った。サンプルは鑑定の結果、紛れもなくウラン鉱石だった。しかし、そこから大どんでん返しが起こる。地質調査室がさっそく鳥取県庁に連絡を取って鉱山の採掘権を取る手続きを申請すると、一日違いで先に押さえられていたのだ。東の仕業だった。地質調査室は東の裏をかいて鳥取・岡山県境にウラン鉱脈ありという可能性を摑んだつもりだったのだが、実は東は地質調査室が動くことを先に読んでおり、調査隊の後をこっそり追跡していたのだ。東は地質調査室の調査力を利用したのだ。そして人形峠で彼らが何か見つけたと知るや、その場所の採掘権を先に請願していた。

その後、東善作は地元米子《よなご》の富豪である坂口平兵衛を説き伏せ、資本金一億円で人形峠のウラン鉱、ウランと同じく放射性で核分裂反応を起こすトリウム鉱の採掘権を持つウラン鉱業株式会社を設立し、その役員に収まった。そして人形峠のウラン鉱採掘のために設立された原子燃料公社（動力炉核燃料公社〈動燃〉の前身）に「U_3O_8の含有量が〇・一％以上の鉱石一キロにつき五〇〇〇円を、〇・一五％以上の場合は五八五〇円」を収めさせる契約を結ぶ。その契約の締結が五七年一〇月九日だった。実際に何かをする必要はない。以後、原子燃料公社が人形峠でウラン鉱石を掘れば掘るだけ、採掘権を通じて彼の会社に金が転がり込むはずだった。

放射能フィーバー

こうして一攫千金を果たしたように見えた東が、日本中から羨望の眼差しで注目された年は、日本の原子力史の中で一つの特徴的なピークを極めていたのだと思う。たとえば——、ここでは当時の東自身の特異な行動に改めて注目したい。生前の東は「健康にいい」といってウラン鉱を風呂に入れ、「野菜がよく育つ」と言ってウラン鉱を混ぜた肥料で野菜を育て、それを常食していたという。その結果かどうかは分からない。しかし多くの人が因果関係を疑う結果として東はガンで死んでいる。妻と幼女の一人も同じくガンで死んでいる。

原子力発電所からの僅かの放射線漏れにも恐々とする今となっては「ウラン風呂」「ウラン野菜」のエピソードは驚きだろう。しかし、ウラン鉱脈探しが国民的な熱狂の対象となっていた時期に、ウランに焦がれたのは東だけではなく、たとえば人形峠の観光みやげもの屋にもウラン饅頭が並び、ウラン粉末を加えることで光沢を増したとされるウラン焼きという陶器が売られたという。

人形峠だけでもない。茨城県石川や岐阜県中津川市苗木もウラン鉱石が出ることで有名で、苗木の採掘権を所有している日々美子（本名なのだろうか？）という女性も放射能酒なるものを作っていたようだ。日々は結核が理由で離婚されたが、苗木で採られたラジウム砂を風呂に入れて入浴したら結核が治り、感心して、採掘権者に交渉して砂鉄鉱山だった鉱山の採掘権を入手したとされる。日々は以後、ラジウム入り護符や温泉用ラジウム鉱砂を販売、ちなみにこの日々という女性を『サンデー毎日』（五四年八月一日号）は「ウラン婆さん」と紹介、放射能酒についても「この酒は米も麦も使わないという。目下、秘中の秘でその真相は知る由もない」と結んでいる（無責任な報道だ）。

放射性物質のなんたるかを理解しない根拠のない熱狂、そしてあまりにも安易に民間療法に飛びつく拙速ぶり――。こうした馬鹿げた傾向を、当初ぼくは日本社会に特有の科学的思考力の欠落だと思っていた。たとえば東を焚き付けた正力の原子力に関する知識も、実はまったくもってお寒いものだった。原子力委員長に就任する前の五五年一二月、科学技術行政協議会副会長として科学技術振興対策特別委員会に出席した時、核燃料をガイネンリョウと読み上げて満場の失笑を買っている。このやりとりは議事録にも記録されているが、のちに社会党委員長となった成田《なりた》知巳《ともみ》からわざわざ訂正されてもいる。

成田委員「それでは原子力担当の正力さん、専門家の斎藤さんがいますから一つお聞きしたいと思います。第二条四号ですが、先ほど原子力担当の正力さんはガイ燃料と言われたんですが、カクですよね。これをまず伺っておきましょう。」

正力はこれには答えられず、政府側委員で前年三月三日に提出された原子力予算の発案者だった斎藤憲三が思わず助け船を出す。

斎藤政府委員「カクと読むように心得ております。」

科学技術庁が発足し、原子力委員会が設立された後、正力を補佐するために経済企画庁計画部長の佐々木義武が総理府の初代原子力局長に就くが、彼もまたその指名を受けたときに「ハラコリョク局長とは何かね」と出身地の秋田弁丸出しで尋ねたという逸話も残っている。原子力導入の立て役者達は、このように原子力に関する知識は持っていなかった（漢字は読まなかったが核物理学に通暁していたということはまずあるまい。リテラシーの欠如は学習経験の不在を意味するはずだ）。にもかかわらず原子力に飛びついてしまう。東はまさにその典型だろう。

しかし――、科学的な裏付けの知識もなしにウラン茶を飲み、ウラン風呂に浸かる種の「狂気」は資料を調べてゆくと、日本人だけに個有のものではなかったことが分かる。

たとえばプルトニウム人体実験を調査してピューリッツァー賞を九四年に受賞したアイリーン・ウェルサム『プルトニウムファイル』（渡辺正訳、翔泳社、二〇〇〇年）によると、一九二〇年代のアメリカでもラジウム商品は人気を博していたという。膣ゼリー、クリーム、売薬からキャンディまで多くの商品にラジウムが混ぜて売られた。美容院ではX線照射の商売が繁盛し、医者は関節炎、痛風、高血圧、神経痛、腰痛、糖尿病などにすぐにラジウム処方箋を書いた。何千万人という人たちが万能薬としてラジウム溶剤を飲んだり、注射しただろうと推測されている。

中でもピッツバーグの億万長者エベン・バイヤーズは「放射線が身体によい」説の広告塔とな

った。グルメでプレイボーイだったバイヤーズは若い頃にフットボールで受けた怪我の治療に「ラジトール」という強壮薬を飲み始めた。その薬品は瓶一本に一マイクロキュリーの放射線を発する量のラジウムが含有されているのがウリだった。放射線はまず造血器官を刺激し、確かに一時的には赤血球や白血球が増え、元気が出る。バイヤーズは二七年から三一年まででラジトールを千本ないし千五百本も飲み、群がるガールフレンドにも分けてやっていたという。だが、やがて彼に破滅の時が訪れる。バイヤーズのスポーツで鍛えた体は四〇キロそこそこまで体重が落ち、顔色は死人のように黄色くなった。医者は彼の病状の進行を食いとめようと、顎の骨と頭蓋骨の一部を切除するが（おそらく骨ガンの症状を呈していたのだろう）、手術の甲斐なくバイヤーズは三一年に死ぬ。このバイヤーズの事件があって、アメリカ人はようやくラジウム放射線の危険性を真剣に意識するようになった。

そして実際に放射線の影響についての調査・研究が始まるのは、更に遅れて核兵器の開発が始まってからだった。確かに、人間はどこまで被曝に耐えられるのか、それが分からずには核戦争時に兵士にどのような装備をさせれば良いのかも定まらない。そこで核兵器の開発が始まるのと相前後して、放射線医学関係者が動員され、開発従事者の血液や尿を採取し、どの程度の放射線環境の中にいるとどの程度の体内蓄積量があるのか調べ始められた。

この調査がやがてエスカレートしてゆく。放射線の人体への影響を計る最も確実な方法として、プルトニウムを人体に直接注射して何が起きるか追跡する実験が始まる。最初は重篤で助かる見込みのない患者が被験体として選ばれていたが、やがて囚人の中から被験者を募ったり、精神薄弱の子ども達に放射性ミルクを飲ませるような実験もなされるようになった。常に実験内容は内密とされ、「安全」な範囲での実験だと医者達は考えて良心の呵責《かしゃく》に耐えたが、放射線の危険が定かに確かめられていない以上、安全性の保障はありえない。

こうした人体実験の全貌を『プルトニウムファイル』は明らかにしてゆく。ただ、そこで重要なのは「狂気」の及ぶ領域を見誤らないことだ。確かに人体実験に明け暮れる医学者達は人命を助ける医師の倫理を忘れて狂い始めている。しかし、狂っているのは彼らだけではなかった。秘密人体実験の噂をどこからか聞きつけ、自ら「モルモットにしてくれ」と志願する手紙が政府に多数送りつけられたのだという。

「拝啓　……原子爆弾をつかっておやりの実験では生きた人間を目標に置く必要はありませんか？　もし必要とお考えなら、お役に立ちたく存じます。ミネソタ州ミネアポリス市、クラレンス　一九五三年七月二〇日」「AEC委員長殿　次回の核実験で被曝のボランティアになりたいと五月二五日に手紙を差し上げましたが、返事をいただけなくてがっかりしています。政府と同じく小生も原子爆弾の生医学作用を知りたいのです。ウィスコンシン州ベロア市　ロバート　一九五三年四月六日」（『プルトニウムファイル』）

これは過剰な好奇心だったのか、あるいは祖国アメリカの核開発を助けたいという義侠心の一種だったのか、もはやそうした往事の心性を正確に再現することは不可能だろう。ただ、職業や立場の如何を問わず、人間という種がいかに「狂い」易いかという事情は窺える。そうした「普遍的な」狂気の中に、核開発、放射能人体実験をも位置づける視線なしには、核の問題と正しく向かい合うことはできないだろう。時にウラン茶を愛飲し、時に反核運動にと躍起となる。完全にぶれている軸足を自覚せずに、何事かをまともに考えようとしても虚しい。

なぜ我々の軸足はぶれるのか――。一般論的にいえば、新しい科学技術を相手取るとき我々の軸足は特に大きくぶれるようだ。たとえば新しい科学技術と精神障害の間の「親和性」は、実は大きい。「ラジオが自分の悪口を放送している」「テレビカメラで生活を覗かれている」「電波を飛ばして脳に直接話しかけてくる」といった妄想的な訴えは、科学技術が「狐」に代わって説明不可能な心理状態を説明するための道具になった事情を窺わせる。社会学では、宗教を「説明不能なものを説明して納得させる装置」と考える立場があるが、科学技術も大衆的には説明不能な現象を説明する機能を発揮する場合がある。その場合、科学技術と宗教は近い位相にあり、自ら説明し納得する過程は往々にして「非近代科学」的なものとなる。そこであまりに常軌を逸した妄想的表明は精神障害として片づけられるが、程度は様々で、科学技術、特にその時々の先端的科学技術が、あまり根拠の定かではない説明に用いられた結果、過剰な期待や恐怖の対象になりがちな傾向は常にあるといえよう。それが、後世から見れば様々におかしな判断や行動に映る。

原子力を巡っても、そうした「おかしさ」の事例を、資料よりサンプリングしてみればまさに枚挙に遑《いとま》がない。

たとえば――。アーネスト・ローレンス〔粒子加速器「サイクロトロン」を発明した物理学者。戦争中はマンハッタン計画に従事――引用者註〕とジョン・ロバート・オッペンハイマーがカリフォルニア大学放射線研究で親しく研究していた頃、サイクロトロン研究に予算を獲得するために熱心に講演活動をしていたローレンスは、ナトリウム24が放射線を発することを実演しようと会場を見渡し、オッペンハイマーを発見。壇上に招きあげて放射性ナトリウム入りの水を飲ませた。オッペンハイマーの手に当てたガイガーカウンターは水を飲んで五〇秒後にガリガリ鳴り出したという。

あるいは――。一九四四年四月、バークレーの放射線研究所員でロスアラモスで実験中だったドン・マセティックはようやく分離に成功したプルトニウム一〇ミリグラムの入ったバイアル（試料ビン）を取り扱っていて誤って飲んでしまう。「酸の味がした」とマセティックはいう。医師のヘンペルマンはマセティックにうがいをさせた。彼が最初に吐いた液には〇・五マイクログラムのプルトニウムが含まれていた。当時プルトニウムの人体許容量は一マイクログラムだとされていたので、マセティックがかなり悲劇的な状況に置かれていたことは確かだった。マセティックの息は放射性を帯び（ゴジラ！）、二メートル先の計器の針を振り切らせた。

　ところが、この悲劇を喜劇めいたものに変えたのは、プルトニウムが当時はあまりにも貴重であり、マセッティックの救命よりもそれをいかに取り返すかが優先されたことだ。ヘンペルマンはあらゆる手段を使ってマセティックからプルトニウムを回収しようとする。まず一五分おきにうがいをさせた。腹を押して胃液を吐かせた。ワッフルを食べさせてまた吐かせた。実は有機物からプルトニウムを分離するのはマセティックの専門であり、彼自身が実験室に戻って教科書をめくりながら作業に当たった。

「あのころはプルトニウムの化学が担当でしたから、筋から言っても回収はぼくの仕事でした」とマセティックは言う。まさに彼は身をもって職務を遂行した。そうして九マイクログラムのプルトニウムが回収された。マセティックが口に入れたプルトニウムは一〇マイクログラムだと推定されたので、残りは一マイクログラム。一応、当時の人体許容量の範囲にも収まった。そのせいか、奇跡が起きたのかは不明だが、マセティックは以後、健康に業務に復帰し、原子爆弾の組立と搭載のためにテニアンにも赴任しているし、後にプルトニウムは危険ではないという論陣を張る急先鋒にもなる。

　更には——。エニウェトク環礁〔マーシャル諸島北西のサンゴ環礁。東隣のビキニ環礁と共に核実験場として使われる——引用者註〕で四八年四月から五月にかけて行われた原爆実験、サンドストーン作戦の放射線安全責任者だったジェームズ・クーニー大佐は、朝鮮戦争で核を使用するかどうかを検討する会合に主席した時、兵士の被曝に関して「原子爆弾を爆発させるタワーの真下でプルトニウムを一キロも飲めば多少の危険はあるだろう」とメモに記した。一マイクログラムの許容量は一気に一〇億倍になっている。

まだある――。一九五三年五月、ネバダで行われた核実験「ショットサイモン」に参加した陸軍中尉S・Hは司令官に避けるように釘を刺されていたにもかかわらず、核爆発を見たいという欲望に抗いきれず、爆発の瞬間を直視してしまった。網膜を痛め、一時は視力を失ったがやがて回復。しかし網膜の一部は損傷して元に戻らなかった。中尉の網膜にはキノコ雲そっくりのかたち（ただし上下が逆）の盲点が出来ていた。

まだまだある――。テネシー州の家畜の甲状腺に放射性物質が蓄積していることを知った科学者レスター・ハミルトンは、それが五四年に太平洋で行われた核実験の影響だと考えるに至って、過去の認識不足をこう語った。「地球の一点から全世界が汚染できるとは誰も考えつかなかった。地球は丸いなどとは誰も思わなかったころのコロンブスのようなものか」（以上、出典は『プルトニウムファイル』）。

きりがないのでこのあたりにするが、最後に日本にもとびきりの話がある。昭和三四年五月、東京都内、晴海で見本市期間中に臨界を達成した原子炉があった。アメリカから見本市のために運び込まれた炉で、それを昭和天皇が謁見している。天皇は果敢にも運転中の炉心をのぞき込み、侍従もそれを止めなかったという（『巨怪伝』）。原子力への期待は天皇にまで及んでいたということか……。

潰えた夢

こうした核をめぐる「おかしさ」を、先端的な科学の担う宿命の反映として真摯に受け止める必要がある。先端的な科学技術の場合、歴史的な実証、検証を経ていないので、それが実際にどのような可能性を担い、どのような危険性を伴うのか分からない。分からないために何かと過剰な振る舞いをしてしまう。そうした振る舞いが後世になってみると「おかしい」。

しかしその「おかしさ」の来し方、行く末については検討の必要があるだろう。そんな問題意識を持って、東の生き様と、人形峠鉱山の歴史をもう一度見返してみることは決して無駄ではないはずだ。

東は人形峠の採掘権を得たが、旧友ブロッサーとは異なり、ウラン成金になる夢を実は果たせなかった。小鴨、人形峠のウラン鉱山は開所の時点で既に国際級ではないと判断されていた。そこに埋蔵されているウランは全体でも七二二（日本原子力産業会議『原子力ポケットブック』九八—九九年より八酸化三ウラン＝U_3O_8 質量として換算算出）トンしかないと推定され、一〇〇万キロワット級原発一基を一年間動かすのに必要なウランの量が一九〇トンであることを思えばそれはあまりにもお粗末だった。しかもウランの平均的な含有量が少ない（人形峠ウラン鉱山では八酸化三ウランにして〇・〇一％以上を鉱石としているが、世界標準では〇・二％以上でないと経済性が伴わないためにウラン鉱石として認められていない）ので、同じ量のウランを取るにも採掘量が膨大となり、コスト的に競争出来ない。

そうした事情を早い時期に目ざとく察知していた正力は、ウラン鉱山発見の記事を大々的に謳っておきながら、東が鉱山採掘権の買い取りを彼に願い出ると、にべもなくそれを拒否している。そして人形峠以上の鉱山もついに発見されなかったことから、国内ウラン鉱山開発に関する原子力ブームは急速に萎んでいった。原燃との契約や取引も高濃度の鉱石が出ない以上、効力は発揮せず、空文書に終わった。鈴木明『人形峠の残照』（『週刊中央公論』臨時増刊昭和五六年一一月号）によると、ウラン鉱業は昭和三九年から四二年までの四年間で、試験精錬用ウラン五三〇トンを原燃に納め、一二七〇万円が支払われたという。しかし資本金一億円の会社が年収一年当たり約三〇〇万ではいかにも心細い。鉱山を維持するには支払わなければならなかった鉱区税を出すだけでも赤字になったはずだ。

東が不運だったのは人形峠のウランの品質を見誤っただけではない。国の核燃料政策も逆風として吹き続けた。中曽根による原子力予算成立後すぐに政府は原子力海外調査団をアメリカとヨーロッパに派遣している。この調査団が出発してまだまもない時期に、在日米国大使館から日本政府に濃縮ウランの配分計画について口上書が寄せられていた。これは四月一四日に朝日新聞で報道されるまで内々に扱われていたが、これにより政府の方針はアメリカからの技術供与を受ける方向に転換、アメリカ調査団の藤岡由夫団長が帰国後、発表した談話も「米国の濃縮ウランは技術的にみて受け入れるべきであり、国産原子炉は大型にすべきである」というものだった。大きく状況が変化していた。藤岡調査団は当初「天然ウラン燃料重水減速型多目的原子炉を第一次目標とする」とし、国内でウラン資源を探し、それを燃料として用いる、コストのかかる濃縮を必要としない炉型が有望とされていた。

しかしアメリカが濃縮ウラン一〇〇キロを外国に提供するという方針を内々に打診して来たため、濃縮ウランを用いる軽水炉計画が浮上したという経緯があった。

五月二〇日に政府は濃縮ウラン協力協定の対米交渉開始を閣議決定。その協定案には「将来の発電用原子炉についても米国の援助を受ける」という条文が含まれ、科学者サイドの反感を買う。身内の科学者たちからの反発を受けて一度は米国寄りの姿勢を示していた藤岡も外務省に慎重審議を申し入れ、新聞紙上で「不明を恥じる」という談話を改めて発表する事態に至る。

この日米原子力協定は五五年六月二二日に仮調印された。その前文には「日本国政府は原子力の平和的研究および発達の計画に関し米国から援助を受けることを希望し、米国原子力委員会によって代表される米国政府はその計画について日本国政府を援助することを希望する」と書かれている。それでも原子力委員会から五六年に出された原子力利用長期計画、いわゆる「五六長計」ではウラン自給論がかろうじて基調として残っていたが、五八年に発表された「核燃料開発に対する考え方」ではもはや自給論のトーンは薄まり、ウランを精鉱の形で輸入して国内で精練することにより外貨を節約する方針が謳われるようになる。「六一長計」では国内資源と海外資源を合わせて考える方針が謳われ、「六七長計」では積極的に海外ウラン資源確保の措置を講じるという方針に転じている。

アメリカの描いたシナリオは巧妙だった。当時、ウランを核分裂させ易くする濃縮作業は、莫大な軍事予算をつぎ込んで濃縮工場を使わなければならず、それを建設、稼働させるのは米ソ以外の国ではまだまだ難しかった。

そこで、こうした濃縮技術の独占状況を利用して、原子力平和利用（つまり原子力発電）に関する技術と、燃料となる濃縮ウランをセットで提供することをアメリカ政府は提案する。とはいえ、ここで提供される濃縮ウランは、自然界では全ウラン中〇・三％しか存在しない核分裂し易いウラン２３５の含有比率をせいぜい三から四％にまで増やしたもので、その程度で核爆弾は作れない。しかし原子炉用燃料としては天然ウランよりも遥かに扱い易い。天然ウランを燃料とすると、多くの中性子を、しかも、低速で飛散させないと核分裂反応が維持できないのだが、この程度の濃縮率であれ、ウラン２３５の比率を増やしたものを燃料とすれば、そこまで中性子の状態に気を使わなくて済む。結果として「普通の」水を中性子減速用と冷却用に兼ねた簡略な構造の軽水炉が利用可能となる。

この軽水炉はアメリカの原子炉メーカーが開発し、実用化していた炉形だった。そこで濃縮ウランの提供から軽水炉技術提供への道も開かれる。アメリカの原子力関係企業も潤うし、発電という国家の生命線を間接的にアメリカが掌握することも出来る。しかも提供する濃縮ウランはあくまでも貸与であり、所有権はアメリカにあるので、万が一の際には兵器への転用を権利的に押さえ込める。

こうして独自に核武装の道を歩む可能性を閉ざしつつ、自由主義陣営の国をアメリカの核の傘の下に納めて行く。この結果、核の平和利用は対米依存の構造の中に行われる方向付けがなされつつあった。これにより戦後に日本の物理学者達がいだいた自主開発の夢は早くも風前の灯火となる。伏見がこう書いている。

一九五二年学術会議の場で、いわゆる茅・伏見提案を行なったとき、私の腹の中にあった考えは、日本の原子力の場合には、先進国の文化に呑みこまれずに『自主的』に技術開発ができるのではなかろうかということであった。というのは、原子力平和利用は原子兵器の落とし子に過ぎないから、平和利用の技術といっても、そう簡単には日本にはいってこない。軍事機密の扉をそうやすやすと開くはずがない。扉が徐々に開かれるにしても、それが全開するまでには相当の時間稼ぎができる。その間に、一応の自主的立場を築くことができるであろう。その間に、基礎から応用までの開発研究を自らの判断で追求できるだろう。日本ではじめてものまねでない技術開発ができるのではなかろうか。これが当時の私の考えであった。

しかしこの見通しは全く裏切られたようである。翌年一九五三年の末にアイゼンハウアーが『原子力を平和へ』の演説を国連の総会で行なって、原子力平和利用の大宣伝が洪水のようにはいってくると、昨日まで『原子力なんて夢のようなものですよ』と嘲笑していた工学者が、明日にでも原子力発電がものになるようなことを言い出したのである。それからはすっかりお手上げである。誰も彼もアメリカの原子力文献を読み漁り、みんな知識では原子力の大家になった。早くしなければ遅れるとばかり、むやみにアメリカの実験用原子炉を買いこんだ。自主性などというものは無惨にも行方不明となった（『プラズマ研究の途』伏見著作集第七巻、一九八七年）。

こうして科学者たちの夢も潰え、また東の夢も潰えた。ウラン鉱石を幾ら掘っても売れず、赤字に苦しむようになった東のウラン鉱業はやがて会社解散の憂き目をみ、採掘権は原子燃料公社に買い取られた。その時、ウラン鉱業取締役だった東のところに支払われた解散金は、出資金の少なさもあって雀の涙ほどの七〇万円だったという。一攫千金の夢ははかなく散ったのだ。

一九六七年に東が肺ガンで死んだ年に、核燃料公社は動力炉・核燃料事業団に吸収されるが、人形峠周辺の鉱山はその時点で見限られ、放棄された。人形峠で一九五六年から採掘されたウラン鉱石の総量は八万五五〇〇トンで、そこから八四トンのウランが抽出されたに過ぎなかった。一〇年間かかって一〇〇万キロワット級原発一年分の燃料も得られなかった計算だ。この最初の一〇年間ではさすがに良質な鉱脈が重点的に掘られ、平均品位は〇・一％となっているが、それにしても八万五四〇〇余りのウラン以外の残滓が発生したわけだし、ウラン鉱脈に至までに周辺で掘り返された（それも放射性を帯びた）残土は、人形峠、倉吉、東郷の三鉱山周辺に約四五万立方メートルもの膨大な量が、野ざらしのまま放置されることとなった。

この残土は、久米三四郎（当時・大阪大講師）と市民グループの八八年の測定によると、最大一三一ミリシーベルト／年という放射線量を持つとされる。これは国の法令で定める年間被曝許容量の一三〇倍にもなり、地元住民と核燃料サイクル事業団の間でこの処理を巡る裁判が繰り広げられている。

この残土の一三一ミリシーベルトは確かに尋常な量ではない。原子炉燃料としては役立たずの鉱山だったが、それでも放射線量は相当あり、採掘はパンドラの箱を開けるに等しかった。

もっとも残土に一年中頻寄せて暮らすわけではないので、日常生活上での実際の被曝量はもっと小さくなる。で、その危険性に関する論点は、微量な被曝の影響をどう評価するか、に関わることになる。

三通りの可能性がある。まず①低線量でも線量に応じて被害が高まる比例関係は保たれるというもの。②ある程度の線量以下（しきい値以下）では被害はなくなると考えるもの。③低線量であれば放射線はむしろ有益だと考えるものだ。

たとえば『人形峠ウラン鉱害裁判』（土井淑平・小出裕章著、批評社、二〇〇一年）の中で著者の土井淑平は「石川の浜の真砂は尽きるとも、御用学者の種は尽きまじで、今日の日本にも低線量の放射線は健康にいいとか、ラジウム温泉の放射能には治療効果があるなどと主張する御用学者がいる。しかしながら、放射線はどんなに微量でも線量に比例して相応の被曝を与えるのでX線診断やガン治療などやむを得ざる医療行為も利用を限定すべきものである。微量放射線の生物学的・医学的危険性については、妊娠中に腹部のX線診断を受けた母親から生まれてくる小児の白血病死亡率の増加を統計学的に示したイギリスのステュワート博士や米国のマクマホン博士の報告などのほか、遺伝子の専門家である市川定夫さんらによるムラサキツユクサの雄しべの毛の突然変異率の上昇の実験でも明らかにされている」と書いている。これは上述の①の立場を取るものだ。

それに対して、土井に御用学者と呼ばれたグループに入るのかどうかわからないが、③の低線量は有益だとする立場を取る学者もいる。これはホルミシス効果と呼ばれ、たとえばゾウリムシを宇宙線が地表の一／五―一／一〇に減少する地下深くで飼育すると増殖率が四七％に低下するなどの実験データから裏付けられているとされる。これにより低レベルの線量はむしろ生命活動を活性化するのだとされる。ゾウリムシではなく人についても自然放射線量が世界平均よりも三倍高い中国広東省では平均寿命がむしろ長いというデータもしばしば引かれるものだ。

ホルミシス効果のメカニズムはこう説明されている。低線量のガンマ線の照射でも細胞内にフリーラジカル（二個の原子間の化学結合にあずかっている二個の電子のうち一個を対をなさない電子としてもっている物質。きわめて反応性が高く、放射線による悪影響を導く）除去機構が構築される。その結果、以後に放射線の照射を受けてもフリーラジカルが除去され、染色体異常などを発生させなくなるというのだ。

『〝放射能〟は怖いのか』（文藝春秋、二〇〇一年）の中で佐藤満彦《さとうみつひこ》はこうしたホルミシス説を紹介、研究成果を挙げながら「生体には放射線で受けた傷を取り除く精妙な機構が備わっている」「微少ないし、低レベルの放射線は生体機能を活性化する」とし、放射線は「量次第で毒にも薬にもなる」と書く。

このように低レベルの放射線が有害か無害かは論者によって意見が異なる。たとえ有害であっても、医療技術のように利用価値が極めて高ければ、それも利用する選択がなされることもあるが、核エネルギー利用の場合そもそもその有用性、無用性についての議論からして論者によって立場が著しく乖離するから厄介だ。

たとえばスイシン派は、原子力発電所の建設を拒否するハンタイ派をＮＩＭＢＹだとして批判する。ＮＩＭＢＹとは Not In My Back Yard の頭文字で、「うちの庭先に造るのはまかりならぬ」と施設建設を拒む地元住民の姿勢を指して使われる。産業廃棄物埋設壕建設ハンタイ、ごみ焼却場設置ハンターイと、いわゆる「迷惑施設」が自分の庭先に造られることを嫌がる心情は、確かにわかる。イメージが悪いし、焼却場の場合ダイオキシン公害のような厄介な問題をしょいこむかもしれない。だが、それらがどこかに造られなければ、社会生活が立ち行かなくなるのも事実……。「どこか別の場所に造ってくれ、でも自分の近くはお断りだ」の一本槍では、いかにも地域エゴだという声も出る。たとえば新潟県巻町の住民が住民投票で原発建設を拒否した時、スイシン派はそれをＮＩＭＢＹの論理だと盛んに非難した。

しかし、地元の原発ハンタイ運動は単なる地域エゴなのだろうか——。一〇基の原発が稼働中の福島県で教鞭を執る福島大学経済学部の清水修二教授は「迷惑施設」立地の選定に当たって必要なルールについてこう考えている。

一　当該施設の建設が社会的、経済的に不可欠であることが、国民および住民に納得できるかたちで示されていること。

二　立地地点は可能な限り、受益者に近く選定されるべきこと。

三　立地選定手続きは公開しなければならない。候補地は公的機関が必ず複数示し、「建設しない」という選択肢も含めた代案が用意されなければならない。

四　地元の意思決定は民主・自主・公開の原則に基づき、地方自治体がそれぞれ独自の方法で行う。

原発の場合はまず「その建設が不可欠ということ」からして十分に納得されていない。それどころか必要性が疑われてすらいる。そうである以上、地元民をＮＩＭＢＹ呼ばわりするのはおかしいということになる。手続きを正しく踏まえていない落ち度はスイシン側にある。

しかし、そう書くとスイシン派は気色ばむだろう。原発はあくまでも絶対必要不可欠なのだ、それを理解しないハンタイ派が悪いというのが彼らの主張だ。

論拠は二つある。一つめは石油資源の有限性。今のまま使い続けていれば石油資源はあと四四年で枯渇してしまう（経済協力開発機構のデータ。九七年現在）。

そしてもう一つの論拠が地球温暖化対策の必要性だ。電力会社の広報資料によると原発がなかったらCO_2排出量は今の倍になっていたという試算ができるという。

だが——、本当に資源は枯渇するのかは実は定かでない。というのも、枯渇が近づけば資源の価格が上がるはずで、そうなれば石油消費の勢いは当然鈍るだろう。そしてそうした経済的事情を含め、どの程度、石油に依存する生活を選ぶかという意志のファクターもある。そう考えると石油資源の可採年数というのは、あくまでも目安か、そこからなんらかの行動を引き出すための政治的な数字でしかない。同じく地球温暖化への貢献も、確かに運転中の原発はCO_2発生量が少ないが、建設や廃止、そして使用済み燃料の処理までを含めて果たしてどの程度のCO_2削減効果があるかは不明だとされている。要するに原子力技術の有用性、無用性については定かではない。「用」の有無も「益」や「害」の有無も確かなことは何もないのだ。

「科学」と「宗教」の間

かくして、どの説を信じるかによって、原子力を巡る評価は大きく異なる。どの説を信じるかは、どの論者を信じるかに依存し、どの論者を信じるかは、その説がどれほど信じられそうかの感触に依存する。つまりこの種の問題は堂々巡りに必ずや至る。ここではなぜ堂々巡りに至るのかを考えるために、それを「信頼」の問題として捉える。

社会システム論者ニクラス・ルーマンは「信頼」を「情報不足を」「内的に保障された確かさで補いながら」「手持ちの情報を過剰に利用し」「行動予期を一般化させる」ものだと考える（『信頼』大庭健、正村俊之訳、勁草書房、一九九〇年）。信頼が形成される背景にはまず情報不足がある。情報が十分にあれば「信頼」という迂回路を経由せずとも直接の理解や把握が可能だからだ。

情報不足が前提となって信頼の迂回路を必要とする事情は、実績によって評価が確立されていない先端的な科学領域の現象、たとえば微量放射線の生体への影響の判断などについて当てはまる。誰も放射線の影響を目の当たりにすることは出来ない。放射線は眼にみえず、手で触れられず、その存在を認知すること自体がまず計器に頼らざるを得ない。そこでその計器の確かさを信頼する必要性があるし、それは計器を作った人を信頼し、あるいは計器によって放射線を計測したという人の発言を信じるしかない。そして放射線の晩発性の影響に至っては、その因果関係について語る人を信じなければ納得は不可能だ。

ここで情報不足を補うものとして「内的に保障された確かさ」と「手持ちの情報の過剰利用」がある。計器の正しさを経験的に信頼し、この人は信頼しうると(内的・心理的に確かに)感じられる人を信じ、手持ちの放射線に関する知識を信じる。決してそれらはその人自身によって実経験的に証明されたものでもないし、十分に吟味されたものでもない。確証を得るにはあまりにも情報量が不足している。しかしそうした不足した情報を過剰利用して人は「信頼」を確かなものにしようとする。

こうして確立された「信頼」の機能は、ルーマンによれば「複雑性を縮減させる」ことだとされる。情報不足のため、実はそこから想定し得る可能性は極めて多岐に及ぶのだが、その間で選びかねて、決定不能に陥ることなく行動できるのは、「信頼」によって複雑性があらかじめ減らされているからだ。つまり「信頼」するにあたっては、情報の不足が前提となっているが、「行為者は情報の不足をあえて無視」して信頼する。その意味で「信頼」は一種の幻想の産物であるが、それが実は現実において社会を安定させている事情は認めるべきだろう。卑近な例で言うと、信頼なかりせば駅の自動販売機で切符一つ買えない。本当に切符が出るのか疑い、自分の手持ちの硬貨が本物かどうか疑い、鉄道が安全かどうか疑い出したらキリがなく、行動不能に至る。そうならないのは、硬貨の真偽を疑わずに信頼し、自動販売機を信じ、鉄道の的確な運行へ信頼を寄せているからだ。

しかし、ここで問題になるのは、「信頼」し得ると感じられる対象の評価が一律に決定されておらず、立場によって分かれるケースだ。たとえば先の例で言えば、土井を信頼するか、佐藤を信頼するか。この人格的信頼の如何によって、低レベル放射線の危険性についての考え方は分裂し、そこからありうべき行動も二分される。

そして、ルーマンによれば原始社会のように単純な社会ではなくなっている近代社会では一人の信頼だけでは複雑性を縮減できず、間主観的なシステムへの信頼が不可避となる。間主観的なシステムとはコミュニケーションによって成立する。中でも主要な間主観的信頼の発生源はマスメディアというコミュニケーションシステムだろう。原子力を巡るマスメディア環境もハンタイ派とスイシン派に二分されがちで、その、それぞれの中で「信頼」という共同幻想を構築している。ハンタイ派は核エネルギー利用の不要、危険を強調するイデオローグをいただき、全て原子力の危険性を信じている。スイシン派はその逆だ。共に科学的な議論をしているようだが、評価の定まっていない先端領域ゆえに結局は初めにイデオロギーありきで、自分の立場に都合の良い実験結果や論説を引いているだけであり、本当の意味で充分に吟味された科学的演繹を行っている人はスイシン派にもハンタイ派にも実は少ない（「一九八六年論」の章、高木仁三郎の項を参照されたし）。

放射線を巡って人々がおかしな、狂ったような行動を取ってきたのは、先端科学ゆえに情報不足が著しく、説明不能にすぐに陥るために、それを説明して納得させてくれる「共同幻想」に依存せざるをえない量が相対的に多くなっていたからだろう。健康にいいと信じられればウラン茶を飲み、風呂に放射性の残土も入れた。それを後知恵で笑うことはフェアな態度とは言えない。「科学」文明に対する「信頼」そのものに対して自覚的にアプローチする、一種のメタ科学的な姿勢が根付かなければ、今後何度でも我々は狂った（ように後から見える）行動をしてゆく可能性が高いことを覚悟すべきだろう。

放射線に関する言説は「科学」の領域に含まれるが、充分な根拠なしに「信頼」に依拠している。多くの未知性をはらんでいるという点では、実は宗教的言説と質的に差がない——。いっそそう思ってしまった方がイメージがわき易い。多くの宗教的な世界認知が、近代社会においては科学的思考によって迷信や狂気として斥けられた。しかし科学技術でも特に核を巡っての認識などは、まだその定位がはっきりしない。だから大きな振幅で揺れ得る。今は大衆的には反核の側に振り子が揺られているように感じられるが、「ぶれ」という意味ではウラン茶を飲んでいた時と変わらない。ウラン茶が少なからぬ被曝を生じさせたように、今の大衆的反核運動ももしかしたらなんらかのデメリットをもたらすのかもしれない。未知の現象の評価をすることは不可能だが、行き過ぎを多少は諫めるために、我々は自分たちが何をどのように信頼しているのか、知ろうと努める習慣を少なくとも身につけるべきだろう。

「科学」と「宗教」の間に距離を保つために、つまり先端的科学への「信頼」の共同幻想性を自覚するために、「信頼」の墓場である人形峠をもう一度、訪ねた。

秋の深まる季節、東ゆかりの施設はひっそりと静寂の中にあった。人形峠鉱山は鉱山としての利用がほぼ絶望視された後も、動燃事業団人形峠事業所として、濃縮技術利用のパイロットプラント、同原型プラントの運用が行われたが、それらも使命を既に終えている。東海村再処理施設の放射線漏れ事故、もんじゅの事故、および事故隠しとスキャンダラスな事件を続発させ、動燃が核燃料サイクル事業団と改名した後には、ここも人形峠環境技術センターとソフトな名称で再スタートを切っている。

そのパンフレットに謳われる活動目的としては、まず先に触れた残土処理が挙げられている。まさに原子力の夢の後始末だ。しかしなかなかその作業は進まず、地元住民に訴訟を起こされているし、業を煮やした住民が九九年には放射性残土を掘り起こして、施設前に置き去りにするなど、まだまだ前途が思いやられる感がある。

夢の後始末が途上なのは、この地区で他にも広く見られる現象だ。人形峠を下った先にある三《み》朝《ささ》温泉もまた原子力ブームにわいた。三朝温泉は世界一ラジウムの含有量が多いと言われ、東が絶頂の時代には、日本マーキュリー社からは三朝晃と直木みち子のデュエットで『ウラン音頭』なる演歌レコードもリリースされていたが、歌手の名は三朝にちなんでいる。

そんな三朝温泉を見下ろす高台には、三朝温泉ラジュームガーデンと名乗る巨大な娯楽施設がかつては営業していた。日本海新聞（九八年一一月二八日付け）と三朝町役場の話を総合すると、ここは七三年に神戸の大手不動産会社の出資で設立され、八三年には（株）鳥取レジャー開発が経営を引き継ぐ。温泉だけでなく、興行の出し物も楽しめる、まさに総合的な娯楽施設で、日帰り観光客を中心に年商五億円を上げていた。だが、設備の老朽化に伴い、集客力の減少に悩み始め、親会社のセレブ（兵庫県）が特別精算を申請したため、九八年一〇月に経営続行を断念したという。

以後、他企業による施設部分の買い上げを期待していたが叶わず、ぼくが訪ねたときには、荒れ放題の惨状を呈していた。ガラスの割れた玄関から入ると、喫茶、スナックバーのスペースには食器類が散らばったままだ。親会社の倒産は不況によるもので原子力とは関係がないが、もしもラジウムやウランがかつてほどの魅力で人々を捉え続けていたら、少なくともこうした帰結を辿らなかったのではないか。

ただし、温泉街全体が閑古鳥がないているわけでもない。三朝温泉は今なお中国地方で有数の温泉街であり、ラジウム温泉は未だにそのキャッチフレーズなのだ。パンフレットには低線量放射線によるホルミシス効果が謳われる。ここにも信じたがる人たちがいる。

入浴だけの利用が出来たので、人形峠取材の帰りに、その一つに入ってみた。温泉は澄んでおり、赤茶色に濁った鉄泉のような特徴はない。この中に本当にラジウムがはいっているのだろうか。土井はラジウム温泉すらも危険だとしており、温泉労働者にもガン発生率が高いと書いている。その説を信じるなら、ぼくの今後の人生はどうなるのだろう――。たとえ被曝しても量は一度ぐらいの入浴ではたいしたことがないはずだが、不安になればキリがない。信じれば「鰯の頭」も妙薬になるが、疑い始めればただの湯も危険な毒に変わる。一方でパンフレットに謳われたホルミシス効果を信じれば、この入浴がぼくの前途に健康をもたらすものになるかもしれない……。確かなことは乏しい。何を信じるか、何に気付き、何を忘れるかなどによって、安心から不安まで揺れる大きな振幅の中でぼくたちは生きている。

一九六五年論　鉄腕アトムとオッペンハイマー
——自分と自分でないものが出会う

科学の子

「アトム」という言葉は現代の日本語体系の中で独特の、特権的な地位を獲得している。それは、他でもない、『鉄腕アトム』という国民的に愛された（とされる）作品が存在していたからだ。その「後光」を借りようとしてか、原子力政策推進側の作るＰＲ館などには「アトム」の名がつけられることがある。六ヶ所村で「アトム」という名の洋品店——それは同村の核燃料関連施設で働く下請け労働者のために労働着や軍手などを売る店だった——を見たことがあるし、東京電力の原発が稼働している福島県のいわゆる「浜通り」で「アトム」という名のパチンコ店も目撃している。

そして原子力関係以外にも固有名詞としての「アトム」が盛んに引かれる科学技術の領域がある。それはロボット工学の世界だ。アトムは原子との語源的な繋がりを解かれ、理想のロボットのメタファーとなってゆく。日本のロボット工学は「アトムのような」理想のロボット作りを目指して、世界最先端の達成を示してきた。こうした転移・変身を遂げたという意味で「アトム」は特殊な用語なのだ。

だが、アトムを国民的ヒーローとし、ロボット工学の理想と祭り上げる人たちは、実はアトムの物語を深く知ってはいない。というのも、アトムの死に様は、ヒロイックでも理想的でもなかったからだ。

アトムが死んだのは雑誌『少年』に六五年一〇月から翌三月まで連載されていた『鉄腕アトム』シリーズの最終回となった『青騎士の巻』においてだった。

人間に反抗するロボット達のリーダー「青騎士」が自らの生みの親だったロッソ博士に向けて槍を投げる。それを身を挺して止めた時にアトムは大きく破壊された。その破壊状況は、それまで壊れたアトムをいつも修理してきたお茶の水博士をして、もはや修理不能と悲嘆に暮れさせた。壊れたアトムを抱いて科学省に帰って行くお茶の水博士の後ろ姿は、当時の少年少女達の心に悲しみを突きつけた。竹内オサムはこれを「もっとも印象的なシーン」だったとし、「鉄腕アトムをリアルタイムで読み続けてきたぼくにとって、相当にショックな内容だった」と記している（『手塚治虫論』平凡社、一九九二年）。

なぜ、こうしたかたちでアトムは死ぬことになったのか。

固有名詞としての「アトム」が登場するのは一九五一年四月、光文社刊行の雑誌『少年』誌上だった。ここでは更にその数年前にまで時間を遡ろう。アトム＝原子の名を手塚が選んだのはその科学技術の知識が踏まえられている。手塚にとって「アトム」が最初の「科学技術系」のマンガではない（というよりも手塚のマンガ家生活自体が科学技術マンガから始まっている。戦争中、軍事教練をサボっては、ワラ半紙の貧相なノートに、せっせと描き続けられていたマンガは終戦時には三千枚を越していたと言われるが、その中には「『鉄腕アトム』の原型ともいうべきＳＦものが多数含まれていた〈『手塚治虫大全』マガジンハウス、一九九二年〉」）。

彼のデビュー作としては『新宝島』が有名だが、実はそれ以前に『キングコング』という作品を描いている。版元の事情で刊行順序が『新宝島』よりも後になったこの『キングコング』は「原作のキングコングは、理由の説明もなく、突如として巨大な姿で登場するのであるが、ぼくのキングコングは、なぜサルが大きくなったのかといういきさつがかなりのページをしめている」と著者自身が述べている（同前掲書）ように科学的な設定を配慮したものだった。竹内オサムは「手塚治虫の視点は、二〇世紀の科学的世界観に束縛され続けていた」と指摘する（『手塚治虫論』）。もっともそこでサルが巨大化した理由は、「イノチの木」という得体の知れぬ植物の実を食べたからと説明されており、更に、その植物を育てたのが魔女だったという設定になっているのは、果たして「科学的世界観の束縛」の結果だったろうか。内容的には科学的に考えれば荒唐無稽だけれど、現象発生の経緯を説明する必要、その説明の責任を強く義務感として感じるというところにこそ、科学的精神が反映していたというのがこの時期の手塚の作風の説明としてはより正確かも知れない。

こうした習作時代を経て、初期ＳＦ三部作と呼ばれる『ロストワールド』『メトロポリス』『来るべき世界』によって本格的なＳＦ漫画家としての地位を手塚は確立して行く（ただし当時はＳＦという言葉はなく、手塚の作品も「冒険マンガ」のカテゴリーに括られていた。ＳＦの名が人口に膾炙《かいしゃ》するのは昭和三〇年代になってからだ）。そこで手塚の描く作品世界は単純な科学礼賛ものではなかった。『メトロポリス』（四九年）に登場するロボット「ミッチィ」は、奴隷といわれて逆上して反乱を起こし、最後は体が溶けて死んで行く。その物語の最初と最後にはこんなセリフが語られていた。「いつか人間も、発達しすぎた科学のために、かえって自分を滅ぼしてしまうのではないだろうか」。

戦後すぐの時期に手塚がこうした悲観的な科学観を表明することになった背景には冷戦があった。

手塚の『来るべき世界』（五一年一―二月に上下巻で刊行）は、まさにこうしてエスカレーションしてゆく冷戦構造を反映させた作品になっていた。そこで世界はスター国、ウラン連邦の二大国によって支配されている。スター国は核実験を繰り返し、その結果、南海の孤島では新生物が発生していた（着想において日本版ゴジラに先駆けている）。その事実を告げ、世界原子力会議で危機を訴える科学者の声を無視し、両大国は核武装を進める。そして北極海での核爆発を契機に両国は戦争を開始する。

しかし本当の危機は地球外から飛来する暗黒ガスであった。二年後には地球は死の惑星になる。核実験で生まれた新生物は優れた知性を備えており、地球脱出船を作り上げる。しかし人類はその船に乗る権利をも醜く奪い合う。そして地球規模の危機が近づいても両大国は戦争を止めず、最期の瞬間が近づいてようやく自分たちの愚かさに気づき、和平に至る。もちろんすべては手遅れだった。あらゆるものが失われようとしている廃墟の中で、両国首脳が手を取り合って「平和だ、平和だ、人間バンザイ、地球の文化バンザイ」と叫ぶコマは悲壮感に溢れる（実際には物語では暗黒ガスが酸素に変わるという〈デウス・エクス・マキナ〉により人類は救済される。この『来るべき世界』を含め、決定的破滅を最終的に回避する結末の作品が多いことについて、手塚自身は「まだ一度も破滅に終わったものを書けないでいるのは、私の生来の気の弱さのためかもしれない」と述べている〈『SFと私』――「ロック冒険記」一一　コダマプレス、一九六六年〉）。

この『来るべき世界』が書かれた時期は、冷戦が確定的になった朝鮮戦争中だった。トルーマンは朝鮮半島での核使用も辞さずと発言していた。手塚の作品には冷戦と核の影が明らかに落ちているのだ。

そしていよいよアトムが登場する。一九五〇年夏、当時まだ新興の出版社だった光文社から刊行されていた雑誌『少年』の編集長・金井武志は雑誌の売り物になる新しいマンガを物色していた。貸本屋調査の結果、金井は漫画家・手塚の名を知り、連絡を取る。金井と会った手塚は翌四月からの連載の話を持ちかけられ、ロボットを登場させ、原子力の平和利用をテーマにした話を作ろうとし、『アトム大陸』と名付けてはじめの部分を試しに描いてみたという。

手塚は、ただちに案を練った。
〈明るい未来の小説を描いてみたいな……〉
手塚は、進駐軍の影響の強い中で三年前に考えた構想を思い出した。
〈被圧迫民族と占領民族の間の人種問題を、未来を舞台に描こうと思っていた。あれをロボットと人間に置き換えて描いたらどうだろう……〉

それから二週間後、金井のもとに、手塚の案が送られてきた。ワラ半紙に鉛筆でコマ割をした下書きであった。タイトルは「アトム大陸」。原子力を平和的に使う未来の国を舞台にし、アトムとは原子という意味からとった名前だった（大下英治『手塚治虫――ロマン大宇宙』上　潮出版社、一九九五年）。

それまでの兵器としての核の影におびえるだけでなく、やや後になってアイゼンハウアーが言い出すことになる「原子力の平和利用」という「お題目」を先取りする視点が手塚にあったのは興味深い。早くも冷戦以後を希求する気持ちがあったのかもしれない。

しかし編集部の方では、連載物としては話が複雑すぎる（なにしろ日本自体がまだ占領中だった時期なのだ）し、主人公の名前をタイトルにしたらどうかと注文をつけた。

「もう、締め切りは迫るし、どうともなれとやけっぱちで『アトム大使』というタイトルに替え、『少年』に知らせた。正直なところ、アイディアも構想も、これっぱかりも持ち合わせがなく、漠然とタイトルが浮かんだので決めただけである。そして、決めてから、さて困ってしまった。もちろん、そのころには、まだアトムというキャラクターは生まれていない。ようやくにして宇宙から地球を訪れた大移民団（宇宙人の）と、地球人のトラブルを描き、その調停役に、アトム大使なる人物を出そうと思いついたとき、すでに第一回の原稿の締め切り日になっていた」（『ぼくはマンガ家』毎日新聞社、一九六九年）。

こうして描き出され、連載された『アトム大使』は後のアトムシリーズ——特にアニメ版のそれ——とはかなり異なる印象の作品となる。ストーリーを概観すると、家出少年のように、行く当てもなく駅で呆然と立ちつくす「タマオ」少年が人さらいにつかまり、サーカスに売られることから物語は始まる。サーカスでは「ロボット対人間」の出し物が行われており、タマオはそこに出演させられることになる。

相手役のロボットはと言えば、これがアトムなのだ。『アトム大使』でのアトムは、後に一〇万（時に一〇〇万）馬力を使って悪者をやっつける超人的ロボットではない。サーカスの見せ物になる哀れな存在なのだ。アトムはマッドサイエンティスト天馬博士が、交通事故で死んだ自分の息子の身代わりとして作ったロボットだった。博士は最初こそアトムを溺愛するが、やがて人間の子供のように育たないことに腹を立て、サーカスに売り払ってしまう。アトムはサーカスで見せ物として酷使されており（そこに『アトム大陸』の被征服民族と占領民族の対立の痕跡が窺えるとも言える）、「タマオ」はそんなアトムとペアで出し物に登場する役割を与えられる。

そんなアトム対タマオ、つまりロボット対人間の見せ物興行の最中、タマオは客席に自分の父親がいるのを発見、ステージを放棄して、そこに駆け寄ってしまう。かくして大騒ぎが発生する。アクターの職場放棄で見せ物が台無しになったからだけではない。タマオの父親はその時もう一人のタマオを連れており、タマオが二人になってしまったのだ。ステージから降りて来たタマオと、父親と一緒にサーカスを見物に来ていたタマオは瓜二つで、まさに双子のようだった。なぜ、二人のタマオがいるのか。

実はそのとき、故郷の星を失った宇宙人の宇宙船が地球に飛来していた。宇宙人は地球人ソックリであるだけでなく、地球人と一対一に対応している。つまり地球人にタマオがいれば宇宙人にもタマオがいるのだ。宇宙人のタマオは宇宙船から外に出て迷子となっていたところを人さらいに連れ去られ、サーカスに売られた。しかしそれは例外的なことであり、宇宙人は人との接触を避けて静かに山の中で暮らしていた。地球人の誰もがその存在を知らなかった。

しかし二人目のタマオが登場し、地球人は宇宙人の存在に気づく。そしてそれぞれ一対一の対応に従って自分ソックリの宇宙人を家に招くなどの交流が始まって行く。

しかし外見的にはソックリの宇宙人と地球人の間には僅かな、しかし重要な差異が幾つか存在していた。一つ目は宇宙人の方が耳が大きいこと。これはマンガで両者を見分ける記号になっている。そして二つ目は人間と似ていながら決定的に異なる点として宇宙人が「原罪から離れた」存在だったこと。というのも宇宙人は一切の殺生をしないのだ。食物を空気成分の合成で得ている。だが、この二つ目の差異はやがて埋められて行く。物語の中では、共に暮らし始めた地球人が宇宙人に肉食を教えてしまう。皮肉なことに肉は彼らの口をもってしても、空気を合成した食物よりも美味であった。こうして肉食を宇宙人が覚えたことが、物語の伏線となって行く。

そして三つ目の差異はアトムだった。地球人の天馬博士はアトムを作った。宇宙人の天馬博士は、同じように息子を事故で失いつつもアトムを作っていない。宇宙人の天馬博士はアトムの話を聞いて、ぜひ会ってみたいと言い出す。そしてサーカスの会場でなくした息子ソックリのアトムに対面する。感動した宇宙人の天馬博士は、ぜひこのロボットを自分に譲って欲しいと言い出す。そうした展開に地球人の天馬博士は苦々しさを覚える。一度は手放したとはいえ自分が息子の代わりに作ったロボットなのだ。そんなロボットを相手に宇宙人の天馬博士が「今日から私をお父さんとお呼び」などと甘ったるいことを言っている。嫉妬心に駆られた地球人の天馬博士は、宇宙人の天馬博士に細胞収縮液をかけて殺してしまう。細胞収縮液とはアトムを作らなかった宇宙人の天馬博士が作った、生物を無に帰する薬品だった。つまり宇宙人の社会にはアトムは作られていなかったが、そのかわりに地球人の社会にない細胞収縮液が作られていたのだ。

おりしもそのころになると地球人の間で宇宙人排斥運動が高まってもいた。宇宙人が肉食を覚えたために、食糧資源を食べる人数が単純計算で倍増したことになる。このままでは飢餓で人類は滅んでしまう。そこで宇宙人は殺せということになる。

　地球人の天馬博士はやがてそうした排斥運動の高まりの中で生まれた宇宙人抹殺実行部隊を率いることになる。武器は宇宙人の天馬博士が作った例の細胞収縮液、それをかけることで宇宙人をかたっぱしから塵のように小さくして行く。

　こうした事態に宇宙人の側も黙ってはおらず、地球の都市へ報復攻撃をする。殺戮は殺戮を呼び、もはや共倒れすらしかねない状況になり、宇宙人と地球人の間で和平を築こうという気運が起きる。

　そこで交渉役に選ばれたのがアトムだった。アトムだけが地球人ではない。しかし宇宙人でもない、第三の存在だった。アトムは講和案を携えて宇宙人の宇宙船に赴く。アトムが提示した案は、地球人と宇宙人は半分ずつ地球と金星に住み、食糧危機を回避しようとする理想主義的なものだった。その内容について宇宙人の代表者は「にわかに信じかねる」と言う。このような理想案を果たして地球人が呑むものだろうかと。アトムは自分が説得すると約束し、その質に自分の「首」を置いてゆく（アトムの首は取り外し可能で、その後もしばしば身体と分離する。それでもアトムにとって首は「大事なもの」ではある）。

　そして地球側にその和平案を持ち帰ったアトムは、生みの親である天馬博士と衝突するが、自分で正しいと信じる主張を曲げずに懇願し続ける。やがてそんな健気なアトムの姿勢に天馬博士の取り巻きたちもアトムを支持するようになり、頑なに宇宙人討つべしと主張し続ける天馬博士を逆に細胞収縮液で殺すまでに至る（宇宙人の天馬博士が縮小剤で殺された時に残した「いつかはきみも同じ目に遭うぞ」という予言が的中する）。かくしてアトムの和平案を地球側も呑むことになる……。

その作品で、人類を救う力としての原子力は登場人物の名にのみ示され、『アトム大使』は冷戦構造的な二大勢力の争いを描いた。ただし原子力の平和利用を直接のテーマにすることはなかったが、それでも『アトム大使』には手塚の原子力観の片鱗が窺える。先にも触れたが、鏡に映ったように対応する地球人と宇宙人の世界で、アトムは細胞収縮液と一対一の対応関係をなしている。善の存在であるアトムは、悪の存在である兵器と同じ位置にあるのだ。これは手塚が原子力もまた科学技術の宿命として使用法次第で善悪に跨る両義的なものだと考えていたことの、かなり洗練された表現だったと言えまいか。原子力は平和利用もできるし、軍事利用もできること、善にも悪にも転化されうることを、細胞収縮液という鏡に自らを映すことでアトムという存在が示すのだ。

共生の構図

しかし、その後のアトムの物語は『アトム大使』から離れて行く。五二年四月から手塚はアトムを主人公に据えた『鉄腕アトム』シリーズの連載を始めているが、それは『アトム大使』のような複雑な構造を持つ作品ではなく、ロボット娯楽マンガとしての色彩が強調される。

こうして政治力学的な、あるいは科学の原罪を問うような緊張感を描かなくなったアトムシリーズだが、そこには実は別の問題が扱われている。それはロボットと人間の「共生」の問題だ。「アトム大使」の巻で、地球人と似て非なる宇宙人が登場し、両者が「似て非なる」がゆえに衝突したことを示した。この作品に続くアトムシリーズでは「似て非なる」関係は人間とロボットの関係として引き継がれる。両者も「似て非なる」がゆえに緊張関係を生じせしめる運命にあったが、その調停の道具として持ち出されるのが「ロボット法」だった。このロボット法はSF作家アイザック・アシモフが一九四一年に創案したロボット工学三原則を下敷きにしたもので、

一　ロボットは人間をしあわせにするために生まれてきたものである。
二　その目的にかなうかぎりすべてのロボットは自由で平等な生活を送る権利を持つ。

この二つを基本法とし、細目の条項として

ロボットは人を傷つけたり、殺したりしてはならない。
ロボットは人間につくすために生まれてきたものである。
ロボットはつくった人間を父と呼ばなくてはならない。
ロボットは何でもつくれるが、お金だけはつくってはならない。

ロボットは海外へ無断ででかけていってはならない。
男のロボット、女のロボットはたがいに入れかわってはならない。
（……以下略）

などを含むものとされる。

もちろんマンガの世界だから細かな矛盾はある（基本法と条項という布置ではなく、法文が羅列され、「一三条、ロボットは人を傷つけてはならない」というように記述されている場合もある）が、今はその細部に立ち入ることはしない。

ここで注目するのは、たとえば政治学者ロールズの正義の第一公理を窺わせる内容になっている基本法の方だ。「ひとをしあわせにする」という抽象的な表現を、より具体的に、「人間への加害を最低限しない」と読み替えれば、その範囲でロボットの自由を最大限に認めるこのロボット法は、ロボットと人間の「共生」のあり方を説明するものとしてかなり耳ざわりが良い。こうした思想的な「先駆性」ゆえにアトムシリーズは、技術の進歩により、実際にロボットと人間の「共生」が取り沙汰されるようになってきた現代社会においてしばしば引用されるし、ロボット法を遵守する存在としてのアトムが、理想のロボットとみなされ続けるのだ。

だが、実際には――記憶は美化されるとよくいうが、まさにその通りで――アトムシリーズもディテイルの記憶が薄れて「理想のロボット」の物語として賞賛されがちだが、ロボットと人間との「共生」はしばしば危機を迎えている（たとえば悪事をおかすロボットはしばしば登場する。『電光人間』『アトラス』など）。その都度、「ロボットは人間をしあわせにするために生まれてきたものである」という基本法を徹底遵守するアトムの活躍によって亀裂が弥縫《びほう》されてきたが、ついには破綻する。それが『少年』連載中のシリーズの最終回となる『青騎士の巻』だった。

そこでは人間を敵視するロボット「ブルーボン」が登場する。なぜ彼が人間を憎むようになったかといえば、彼の妹と弟が人間によって無惨に破壊されたからだ。ロボット法はひとつの特徴があり、ロボットと人間という「質」的に異なる二者の間の関係を定めるということで非対称な関係が認められている。ロボットが人を加害する事は禁じられているが、その逆は禁じられていないのだ。その理由を手塚は『青騎士の巻』のなかでアトム自身に「ぼくたちロボットは機械だろ　ぼくたちがうっかり人間に手をだすと人間はケガをするよ　人間はモロイんだから（……）ぼくたちはなおせば生きかえるけれど　人間は死んじゃったらそれきりだからね」と語らせている。

しかし問題は、手塚の描くロボットが機械でありながら、経験を積んで人格的に成長していくことだ（背丈など身体的要素は変わらない）。そのことがアトムの悩みでもあり、成熟の問題は手塚が一貫して扱うものになってゆく。評論家・大塚英志はアトムの成熟困難に劇画の方法を結局は選ばなかった手塚マンガの限界を見る（『戦後日本のマンガ空間』『教養としてのマンガ』など）。しかしアトムは内面的には成長していると読者が思えるように描かれている（心の成長にともなって身体が成長しないからこそ、悩みが出る)。しかしその成長への経験蓄積はロボットたちが無惨にも壊されることにより無に帰す。『電光人間』など悪事を働くロボットが登場する作品でも、その最後がロボットの死に終わる場合、描写のトーンは悲愴である。その意味で、ロボットもまた生物と同じようにかけがえのないものとして描かれている。

だからこそ青騎士ブルーボンの怒りが読者の共感を得るのだ。ブルーボンはロボットが人間の奴隷であることを逃れて生きられるようにする革命運動を組織し、両親を人間によって壊されたアトムもその革命に一時は参加する。

こうした『青騎士の巻』という作品においてロボット法の矛盾が露呈した。この作品が六五年に描かれている事実に触れて、竹内オサムは「鉄腕アトムは六〇年前後を境にしてそのありかたを変えて行く」と書き(『手塚治虫論』)、その変化を時代背景に照らし合わせて解釈しようとする。「六〇年は、安保騒動期にあたる。また、手塚自身の身辺に目を転じると、劇画ブームに心底脅え、その技法を取り込みながらスランプからの脱出をはかろうとしていた時期でもあった」。そして鉄腕アトムの変質について「ぼくには(ここにあげた背景事情の——引用者註)双方が微妙に影響を与えていたように思えてならない」と述べる(ただし、先の竹内の解釈について手塚自身は「アトムがPTA的だとか、あまりにも勧善懲悪的すぎるという批判がでてきていたこともあります。ぼくはそうは思っていなかったのですが、雑誌の編集の人が、アトムを人間に反逆させせろ、いい子では困る、抵抗するところに新しいアトムの生かし方があるんだということをいい出したのです。それで内容をそういうことにしたのが『青騎士の巻』あたりです」と語っており〈『赤旗』七四年一月一七日〉、劇画への対抗の意図は認めていない)。

　確かにロボット法へのロボットによる反抗、ロボットによる革命の主題を描くまでに至ったアトムシリーズに、安保反対闘争に明け暮れた世相の影響を見たい気持ちは分かる。しかしそんなシリーズ最後の作品となった『青騎士の巻』でアトムが、究極の自己犠牲の精神を示していることを忘れるべきではない。ブルーボンが人間を憎む原因を作った科学者を助けるためにアトムはいのちを落とすのだ。

『アトム大使の巻』で、似ていつつも異なっていた地球人と宇宙人の非対称的な関係が、人間とロボットの非対称的な関係として受け継がれていることは既に示した。その非対称性を隠蔽する不公平なロボット法によって一方的に虐待されるロボットは、『アトム大使』で一方的に金星に移住させせられる宇宙人と位相的に等しい。原罪性から逃れているように思える、アトムを典型とする「良い」ロボットたちの純粋な犠牲の姿もそうだ。無垢の存在がひたすら虐げられる構図は『アトム大使』からなんら変っていない。そこには、国民的に愛されるにはあまりにも残酷な無垢なるものへの虐待の現実が投影されていた、とはいえないだろうか。

オッペンハイマーの数奇な運命

アトムの物語に一貫するこうした構図に気付くとき、それとよく似たもうひとつの構図に思いを馳せてしまう——。それは核兵器開発の歴史におけるユダヤ人の在り方を巡る構図だ。

原爆が亡命ユダヤ人の貢献で作られたことはよく知られている。レオ・シラード〔ハンガリー生まれの物理学者。最初に連鎖核分裂反応の可能性を考えたとされる〕らがアインシュタインに頼んでルーズベルトに原爆開発を進言した。実際に原爆開発計画が立ち上がった当初は、亡命ユダヤ人はアメリカへの忠誠に疑問があるとして計画の中枢からは外されたが、やがてその実力を借りずには目的遂行が難しいという判断が下される。シラードはシカゴ大学に作られた原子炉をエンリコ・フェルミ〔イタリア人物理学者。核分裂反応を起こしやすい遅い中性子の性質を研究。三八年にノーベル賞受賞後にアメリカへ亡命〕と共に臨界に向けて開発する。ハンス・ベーテ〔ドイツ人物理学者。星のエネルギー生成理論で有名。四一年にアメリカに帰化〕やイシドール・ラビ〔ポーランド出身の物理学者。核磁気共鳴理論を提唱〕も大きな貢献を果たした。そして誰よりも大きく原爆開発に寄与したのがロバート・オッペンハイマーだった。

オッペンハイマーは一九〇四年にニューヨークで生まれている。父ジュリアスは一八八八年に単身ニューヨークに渡り、衣料業を営んだ。折しも既製服が流行し始めていた頃、家業は順風満帆で彼に財を蓄えさせた。ロバートが生まれる頃、オッペンハイマー家はマンハッタン島ウェストサイドの高級アパートに居を構え、二人のメイドと運転手、執事を働かせるようになっており、少なくとも数枚のセザンヌ、三枚のゴッホなどを蒐集していた。

オッペンハイマーの育ったニューヨークという街とユダヤ人の関わりの歴史は長い。一四九七年にスペインから追放された、いわゆるセフィーディク・ユダヤ人の多くがアムステルダムに住み、オランダの世界進出に伴って中南米に移住する。特にオランダが東ブラジルのレシフェとその周辺地域を占領するや、多くのユダヤ人がそこに定住する道を選んだ。ところが一六五四年にポルトガルがブラジルを再占領すると、そのユダヤ人の一部が当時オランダ領だったニューアムステルダムに上陸し、そこに北米最初のユダヤ人共同体を形成する。

一〇年後、ニューアムステルダムはイギリス領となり、ニューヨークと名を変える。そこに更に本格的な移住の波が押し寄せるのはアメリカ独立後の一九世紀だった。一八世紀末には二千―三千人のユダヤ人を数えるに限られたが、一八二〇―七〇年の半世紀の間には約二〇万人のユダヤ人が来米した。

その多くがドイツ系ユダヤ人だった。彼らは初めは貧しい行商人として働いていたが、やがて衣服、服地、果物売りなどで定住し始める。こうした労働者の中から、やがてユダヤの大商人、百貨店主、投資銀行家が台頭して行く。定住してからかなり経ったドイツ系ユダヤ人についての調査によると、その七五％が商店主を含めた実業家、医者や弁護士などの職に就いていたという（野村達朗『ユダヤ移民のニューヨーク』山川出版社、一九九五年）。彼らは召使いを使い、英語を話し、自由主義的になり、伝統的なユダヤ教に縛られることをよしとしないようになってゆく。

オッペンハイマーの家はまさにそうした成功したユダヤ人家庭だった。ドイツ系ユダヤ人がなぜ成功し得たかと言えば、彼らが早くアメリカに定住したことで、後から続々と押し寄せるユダヤ人を受け入れる側に回れた事情が大きい。ロシアから、そして東欧から多くのユダヤ人がやってきた。彼らはローワーイーストサイドのスラムに住み、スウェットショップ（汗をたらして働く場所という意味）で低賃金で長時間働いた。ニューヨークは全米の既製服製産の三／四を占める一大衣服生産地で、そのニューヨークの衣服産業のほぼ九割がユダヤ人の手中にあった。

そこではユダヤ人雇用主がユダヤ人労働者を働かせていた。ユダヤ人は安息日が土曜日であり、毎夕の祈りも唱じたい。そこで、それを理解してくれる雇用主の下で働くことを望んだ。雇用者として豊かになっていたドイツ系ユダヤ人はユダヤ教的な伝統から離反しつつあったが、それでも民族の習慣についての理解は出来た。かくして先んじてアメリカの地を踏んだドイツ系ユダヤ人たちは、彼らの後を追うように「約束の土地」を求めてアメリカに渡り、成功を夢見て劣悪な条件でも働くロシア、東欧系ユダヤ人を有利な状況で働かせることが出来た。これが短期間のうちにユダヤ人の中から富裕層が形成された理由だった。オッペンハイマー家はまさにその典型だったのだ。

一九一一年、ロバートはセントラルパーク西の私立学校「倫理文化学園（Ethical Culture School）」に入学。宗教学者アドラーの設立したこの学校は、特定の宗教信仰に依存しない普遍的な「倫理による人間改善」を謳った。そんなアドラーの立場はジュリアス・オッペンハイマーを魅了した。ユダヤ教を捨てたユダヤ人だった彼にとってアドラーの教えは心の拠り所を与えてくれた。後の倫理文化学園の卒業生には、たとえば人工知能研究で著名なマービン・ミンスキーがいる。とはいえミンスキーはオッペンハイマーの亡霊と戦わなければならなかった。ミンスキーが学園で秀才ぶりを示すと「君はオッペンハイマーの再来だ」と繰り返し言われたからだ。これは、それほどオッペンハイマーが伝説化された存在だったことを物語るエピソードだ。

一九二五年、ハーバード大学の四年課程を飛び級で三年で終えたオッペンハイマーは、ヨーロッパに渡ってケンブリッジ大学で学び、更にゲッチンゲン大学で量子力学に没頭し始める。

しかし、そこで才能の煌めきを示したために、オッペンハイマーは数奇な運命に翻弄されるようになる。ヨーロッパでの武者修行を終えたオッペンハイマーは、カリフォルニア大学バークレー校に職を得た。研究と指導に明け暮れた幸福な時間は長く続かなかった。三四年、原子核分裂が発見され、原子爆弾の実現可能性も示された。原爆の研究に先鞭をつけたイギリスのモード委員会は研究の成果をアメリカに伝え、戦火に苛《さいな》まれていない新大陸でその開発を行おうとする。その使者の役を務めた物理学者オリファントは、バークレー校に旧知のローレンスを訪ねた。バークレー校ではオッペンハイマーも教えており、九月の初め、三人の物理学者が一堂に会する席が持たれた。

その席でオリファントはローレンスにモード委員会報告の重大性を繰り返し強調する。ローレンスは困惑の表情を見せた。オッペンハイマーはその秘密を知り得るグループには属していなかったからだ。オッペンハイマー自身も雰囲気を察知して話題を変えようとした。しかしオリファントは「それはいかん。君は原爆に必要な人物だ」とオッペンハイマーに言ったという。これ以後、ローレンスは原子爆弾についてオッペンハイマーに何かと相談をするようになる。

こうして原爆開発に巻き込まれて行ったオッペンハイマーを見初めたのが、マンハッタン計画の総元締めを務めていたグローブス准将だった。彼の強い推挙を得て、オッペンハイマーはロスアラモス研究所長に任命された。オッペンハイマーはそこで巧みな人心掌握術を披露し、プルトニウムを使う原爆の製造上不可避だったプルトニウム爆縮法〔プルトニウムの周囲に爆発速度の異なる火薬を巧みに配置し、その爆圧でプルトニウムを一気に、かつ均等に圧縮して臨界状態にする〕開発など技術的難関を突破。一九四五年七月一六日にニューメキシコ、アラモゴードで世界初の核分裂連鎖反応爆弾の実験にまでこぎ着ける。

原罪を知った科学者

オッペンハイマーはそのときはまだ己の来た道を悔いてはいなかった。実験で圧倒的な破壊力を目の当たりにしつつも先に進むしかないのだと自分に言い聞かせようとしていた。事実、実験場からベースキャンプへと凱旋するオッペンハイマーは、まるで西部劇のゲイリー・クーパーのような足取りだったと、その姿を目撃した旧知の物理学者ラビは後に評している。

そんなオッペンハイマーの考えが変わるのは広島、長崎への原爆投下の実行後だった。バークレーからロスアラモスに向かったローレンスは、罪の意識に苛まれ、すっかり落ち込んでいるオッペンハイマーを見いだす。被曝障害の重さを思えば「広島と長崎の死者の方が、放射線を浴びて生き残った被曝者よりも幸せではなかったか」という有名なオッペンハイマーの言葉はローレンスが聞き取ったものだった。トルーマンが意気揚々だったのとは対照的だった。

戦争が終わり、ロスアラモス研究所を去る日、オッペンハイマーはグローブスから感謝状を受け取ったことを紹介しつつ、次のような演説を始めた。

「心身を捧げてこの研究所に尽くしてこられた男性、女性の皆さんに対するこの感謝状を、私は有難く感謝をこめて受理いたします。末ながく、この感謝状とそれが意味するすべてを誇りをもって回顧するようでありたいと思います」。

自分たちの業績を誇ることから始まった挨拶のトーンは、しかし、すぐに曇る。「今はその誇りは深い懸念と共に有らざるを得ません。もし原子爆弾が、新しい武器として、戦い争う世界の兵器庫に加えられることになれば、やがて、人類はロスアラモスと広島の名を呪う時が来るでありましょう。世界の諸国民は一つとならなければなりません。さもなければ滅亡が待っています。地球をかくまで荒廃させたこの大戦が、このメッセージを書いたのです。原子爆弾がこのメッセージをすべての人にわかるようにはっきり書いたのです」。

戦後、オッペンハイマーは核兵器の使用を制限することに躍起となる。彼は原子力委員会の一般諮問委員長の職に就いたが、その立場から盛んにロビー活動を行い、一九四六年には国務次官D・アチソンの下に組織されたD・リリエンソールを委員長とする顧問団に働きかけ、原爆開発を停止させると共にアメリカの核兵器を他国との協調によって処理し、その後の原子力の利用は核物質の採鉱、精錬を監視する国際機関（ADA Atomic Development Agency）を設けて、核物質の危険な使用を出来なくするという案を盛り込んだ報告書を作らせている。

しかしトルーマンはそれを反古にした。国連の原子力委員会へのアメリカ代表として選ばれたB・M・バルークはアチソン＝リリエンソール案の内容を基本としつつも、それに重大な改変を加えて、一九四六年六月一三日に開催された国連原子力委員会に提出する。そこでは国際管理違反国に核攻撃を含む懲罰が盛り込まれているし、ADAの原子力平和産業への干渉権限も削減された。これらは明らかにアメリカの核兵器保有を盤石とし、原子力関係私企業の保護を意図したものだった。加えて原子力国際管理についての決定には国連安全保障理事会の拒否権を認めないという内容も含み、これは露骨なソ連の勢力封じであって、ソ連がこれを飲むはずはなかった。実際ソ連はこれに対抗してアメリカの核兵器をすべて廃棄するように求めるグロムイコ案を提出し、これはアメリカが拒否する。こうして米ソの対立は決定的となり、結局、国連原子力委員会は何も決められなかった。バルークはトルーマンに「アメリカは原爆の生産を飛躍的に増大させるべし」という忠告を残して、国連大使を辞任する。こうしてオッペンハイマーの核の国際管理案は水泡に帰した。

この時期、オッペンハイマーはアチソンの紹介でトルーマンに会っている。

自分が作り出した「悪魔の兵器」を、実際に使用する命を下したトルーマン大統領と初めて面会したとき、オッペンハイマーは彼らしい芝居がかったせりふを述べる。

「閣下、私の手は血まみれです」

トルーマンはそれに応えて言った。

「気にしなさんな、洗えば落ちる」

そしてトルーマンはオッペンハイマーが去った後にアチソンにこう語ったという。「あの泣きべそを連れてくるのはもうやめてくれ」。

アチソン＝リリエンソール案が核兵器廃絶に向けたオッペンハイマーの第一ラウンドだったとすれば、彼はそこであっけなく敗退した。そこで彼は雪辱戦を試みる。一九四九年、ソ連が原爆実験に成功、アメリカの核独占が崩れる。原子力委員のストラウスは、原爆を越える兵器である水爆開発を討議するために一般諮問委員会の開催を求めた。委員長のオッペンハイマーは、そうした動きに抗おうと尽力する。原爆開発を成功させてしまった自分だからこそ、水爆開発を止めなければならない。そんな使命感にオッペンハイマーは動かされていた。ところが突然、原爆の機密をソ連に漏らした疑いをかけられ、公職、つまり原子力委員会から彼は追放されてしまう。その措置に異議を唱えたオッペンハイマーを裁いたのがいわゆる「オッペンハイマー裁判」だ。

その法廷でオッペンハイマーは「物理学者は罪を知った」と繰り返し述べた。

藤永茂は、その言葉を悔悛とは解釈しない（『ロバート・オッペンハイマー』朝日新聞社、一九九六年）。藤永は、ロスアラモス研究所史を執筆するために招かれた哲学者Ｄ・ホーキンスの言葉を引く。

「彼が言ったことは、兵器作りに関係したことが道徳的に正当化できると考えた人たちの怒りを買った。オッペンハイマーが彼らに罪の懺悔をするように誘っているようだと思った。彼が意味したのはそんなことではなかった。彼らは彼を理解しなかった。彼は既存の道徳の言葉で語っていたのではなく、宗教の言葉、あるいは哲学倫理の、エデンの園の、失われた純潔性の言葉で語っていたのである」

ホーキンスはやや抽象に傾きすぎているかもしれないが、いかに科学者本人が善意で開発した新技術であっても文脈次第では悪用される。それが科学技術の時代の宿命であるのは間違いない。マッドサイエンティストが狂気の研究を行うのではない。普通のサイエンティストが行う研究が狂気にもなりえる。自分のあずかり知らぬところで科学は用いられる。宇宙人の天馬博士が発明した細胞収縮液が地球人の天馬博士によって殺人兵器として使われたように。もし、そこまで避けようとしたら、もはや個々の使用法の善し悪しを越えて（『ゴジラ』の芹沢博士がしたように）、科学自体を否定しなければならないのだが、近代社会ではそれも出来ない。近代的な文明生活を営むには、科学の誘引した問題を科学によって解決する再帰的方法（ウルリッヒ・ベック『危険社会』）しかないのだが、再帰的に適用されたその科学が再び危険をはらむ悪循環。そんな状況を簡単に召還するところに科学の罪がある。それについて語る言葉は、確かに既存の科学論の域を超えて、科学という存在全体を評する哲学倫理の言葉になるといえるかも知れない。

たとえば唐木順三は未完の遺作となった『科学者の社会的責任についての覚え書』の中でこう書いている。

「科学者たちは〈核兵器は絶対悪なり〉という判断、価値判断を、社会一般に対して下しながら、科学者自身に対しての、或いはその研究対象、研究目的に対しての善悪の価値判断を表白することは稀である。物理学者が己が社会的、時代的責任を表白する場合、単に善悪の客観的判断ばかりでなく、自己責任の問題、〈罪〉の問題にまで触れるべきであるということが、現在のむしろ当然であり、そこから新しい視野が開かれるのではないか」

こうして科学の罪について言い逃ればかりしている輩が多い中で、オッペンハイマーは珍しく科学者としての己の背負う「原罪」を知り、自らと仲間の科学者たちが原爆の開発によって「楽園」を追放されたと考える。確かにそうした認識を持つこと無しには、科学は再び純潔のふりをして多くの悲劇を繰り返すだろう。いや、訴追されるのは科学者だけではない。藤永はこう書いている。「私たちは、オッペンハイマーに、私たちが犯した、そして犯し続けようとしている犯罪をそっくり押しつけることで、アリバイを、無罪証明を手に入れようとするのである。オッペンハイマーは〈原爆の父〉と呼ばれる。これは女性物理学者リーゼ・マイトナーを〈原爆の母〉と呼ぶのと同じくらい愚にもつかぬ事だが、あえてこの比喩に乗りつづけるとしたら、オッペンハイマーは腕のたしかな産婆役を果たした人物にすぎない。原爆を生んだ母体は私たちである。人間である」。

「似て非なる」存在

しかし、オッペンハイマー自身もまた社会によって、歴史によって拘束された存在だったことを忘れてはならない。藤永は前掲書の中で若き日のオッペンハイマーが家庭教師に連れられて西部旅行に出た時、「自分をあなたの弟ということにしてくれないか」と家庭教師に頼んだエピソードを引いている。なぜそんな依頼をしたのか。オッペンハイマーは家庭教師の名字を借りて自分がユダヤ人であることを隠そうとしたのだ。

自分がユダヤ系移民の子供だという事実は、オッペンハイマーの人生に明らかに影を落としていた。

ロスアラモス研究所長にオッペンハイマーが選抜されたのは「彼がアメリカ人だったから」という説がある（TV版『二〇世紀の一〇〇人』シリーズの「オッペンハイマー」におけるハンス・ベーテのコメント）が、その言下にこめられた意味をくみ取るべきだろう。オッペンハイマーは国籍上はアメリカ人だが、家系的にはユダヤ人だった。いかに父ジュリアスがユダヤ教徒ではなく、普遍的な倫理に生活の指針を求めようとしても、周囲は彼らをユダヤ人とみなしていた。幼いオッペンハイマーが自分の名前にコンプレックスを持ち、それを重荷に感じていたことは疑い得ない。しかしユダヤ人だからこそ亡命ユダヤ人学者をまとめられた事情が確かにある。それはニューヨークに先に到着したドイツ系ユダヤ人が後から到来するユダヤ系移民を雇用し得たのと同じ構図である。そしてその一方でオッペンハイマーはアメリカ人でもあり、新開発の中枢として雇用しても軍や政府への面目が立つ非常に都合の良い存在だったのだ。

この「ユダヤ人としてのオッペンハイマー」については、グッドチャイルドの『ヒロシマを壊

滅させた男　オッペンハイマー』（池澤夏樹訳、白水社、一九八二年）に少ないながらも言及がある。たとえばオッペンハイマーはナチのユダヤ人迫害を聞いて「くすぶる怒り」を覚えたという。彼が原爆製造に奮い立ったことの背景には、おそらくこの怒りが尾を引いている。

しかし戦後になると、差別意識がユダヤ人としてのオッペンハイマーに牙をむく。グッドチャイルドはオッペンハイマー裁判の時に、オッペンハイマーと並んで破壊活動分子として告発された中に多くのユダヤ人が含まれていたことを指摘する。そんな『ヒロシマを壊滅させた男』を翻訳した池澤夏樹は、オッペンハイマーがユダヤ人だったから差別されたとはっきりと述べている。

なぜユダヤ人が差別されるのか。当然だが、ユダヤ人であるというアイデンティティは選択可能なものではない。「ユダヤ人であること」とは社会学でいうところのいわゆる一次集団（家族、親族）に近い存在様式であり、自らそれであることを選べない。その意味で、ユダヤ人集団は自然共同体に近い性質を持つ。この準自然共同体的性格が、近代国民国家の成立過程でひとつの運命を担う。近代国家の形成期には自然共同体が脆弱になる。近代国民国家は殆ど二次的集団（結社的なもの）でしかないので、その成立の必然性を強調するために、人為的操作が必要になる。そこで否定的な意味で、ユダヤ人のような準自然共同体が利用される。自分達はユダヤ人でないという否定の操作でアイデンティティを得る作業が行われるのだ。自然共同体的な関係性が弱まった時期にこそ、逆に自然共同体的なものが意識され、利用される逆説がある。それも差別、排除の対象としての利用――。かろうじて自然共同体の痕跡を持っている集団を差別迫害することで、「それとは違う自分達」として二次集団の共同体としての存在根拠が得られ、それが結束を固め、アイデンティティを補完するという展開がある。そこで行われるのが物語の捏造《ねつぞう》だ。つまりユダヤ人はいかに危険かという……。

たとえばナチスドイツでユダヤ人差別が行われたのもそうした理由だった。ユダヤ人ではないことがゲルマン民族のアイデンティティとなったのだ。自然共同体が崩壊する近代化の過程において、むしろ「どこにどう生まれ落ちたか」という（宮台真司のいうところの）初期手持量（ユダヤ人であること）が重視される。ユダヤの血にここでも幾つもの贋物語が上書きされ、差別は苛烈になって行く。

しかしナチスがユダヤ人を迫害し、地上からの抹殺を求めた結果、亡命したユダヤ人が地球を消滅させかねない兵器を作ってしまった逆説。核エネルギー解放の歴史はユダヤ人差別の問題と深く関わり、それはつまりは一次集団を国民国家作りのために差別する「近代的人間」の問題でもあった。その意味で原爆を作ったのはまさしく私たち、人間なのだ。

アメリカは多くのユダヤ移民を受け入れ、ユダヤ人に寛容だったことで知られるが、差別はそこにもちろんあり、医学部への進学を拒否するなどの措置が取られたこともあった。アメリカで医学部に進めず、むしろドイツに渡って医学を修めるユダヤ人がいたという皮肉な現象すらありえた。アメリカ国籍を持つユダヤ人をナチスもむげには扱えなかったのだ。

ナチスが行ったユダヤ人差別はアメリカでも行われた。オッペンハイマーはその力学の中に巻き込まれた典型的なユダヤ人科学者でもあった。

しかし、ひとつだけ注意しておこう。原子力委員会委員長としてオッペンハイマー裁判の主役となったストラウスもまたユダヤ人だった。ヴァン・ゴッホの絵が三枚、ピカソ一枚、ルノアール一枚が飾られている家に育ったオッペンハイマーとは違い、彼は貧しかった。父親と一緒に小さな靴問屋で懸命に働き、やがて後に三一代大統領となるハーバート・フーバーの下で働くために家を離れてワシントンに行き、さらにニューヨークに出かけて金融業という鉱脈にたどり着いた。ストラウスはおぼっちゃまだったオッペンハイマーと違ってたたき上げのユダヤ人だった。

オッペンハイマー裁判では、ユダヤ人がユダヤ人を裁いたのだ。オッペンハイマーの家はユダヤ人であることをアイデンティティにしない方針だったが、ストラウスは熱心なユダヤ教の信徒だった。しかしストラウスも長じてはユダヤ人としての出自を嫌うようになる。提督（アドミラル）と呼ばれるのを彼は好み、ストローズと呼ばれたがった。ストラウスではドイツ系ユダヤ人であることが名前でわかってしまうからだった（P・プリングル、J・スピーゲルマン著『核の栄光と挫折』浦田誠親監訳、時事通信社、一九八二年）。若き日のオッペンハイマーを彷彿させるエピソードである。

ストラウスは、ソ連を念頭に置いて「道徳のかけらもない政府がわれわれに対して原爆を使うのを阻止するためには」核兵器の保有こそ必須であると考えた。こうした主張は、水爆開発の中心役となり、やはりソ連脅威論者だったエドワード・テラーと似ている。ストラウスは平和運動を軽蔑して言う。「天は自ら助くるものを助く、ということを私は知っている。他の人は私がまったく間違っていると考えるかも知れない。ガンジーなら無抵抗でクリシュナ神の前に身をさらすだろう。昔もフン族やタタール族に対してガンジーのような立場をとっている人たちがいるはずである。しかし、歴史にはそのような人たちの記録は残っていない」(同前)。

そう語っていたストラウスに、しかし、運命は皮肉な裁定を下す。五八年に原子力委員会委員長の任期を終えた後、アイゼンハウアー内閣の商務長官になる希望をもったが、上院での三ヵ月の聴聞の結果、彼はその地位に不適格だと判定される。時が経ってオッペンハイマーへの断罪活動が個人的な復讐心だったとみなされたのだ。「本質的な性格上の欠陥」という彼に対する評価は、まさに彼自身がかつてオッペンハイマーに下したものだった。

六七年、核エネルギーを解放したオッペンハイマーは喉頭ガンで死去した。アトムが死んだ翌年だった。オッペンハイマーと、そしてストラウスが辿った軌跡を思うと、手塚のアトムの物語が「似て非なるもの」との共生を伏線としていた事実を、改めて思い出すことは無駄ではないだろう。ユダヤ人も彼らを差別する側にとっては「似て非なる」存在だったのだ。

しかし、アトムの物語を引いて、こうした現実を仮構の作品が鏡のように映し込んでいる構図について言及されることは殆どない——。アトムはその死後に科学技術の無垢を疑わないロボット工学者の理想のヒーローと祭り上げられるようになり、原子力推進派はその名の「後光」を背負おうと虚しい努力を続けるのだ。

一九七〇年論　大阪万博――未来が輝かしかった頃

懐かしの未来へ

どこの大学を見渡したって、未来史研究なんて講座は用意されていないはずだ。なにしろ未来とは未だ来たらぬ時間。現在まで脈々と続いてきた歴史の先（＝外）に位置するのであり、過去を見つめる歴史研究と、これほど相性の悪いものもない。実証的に研究しようにも、未来は想像力の中に仮構されたものに過ぎないから、研究の具体的手がかりがない。

しかし、だからといって「未来史」研究を怠るのは惜しい。というのも、人が未来を語る、その場面を思い浮かべて欲しい。人は現在の欠陥や過剰、不備や無駄を意識しつつ、それを行うではないか。たとえば、共産主義国家で飽きるほど語られた貧富の差なき未来社会像は、貧富の差ある現在を悪しき階級社会だと否定しようとする意志の産物だった。あるいは最近しばしば見掛けるインターネットによって高度にネットワーク化された近未来社会を語る人は、現在のネットワーク社会の情報環境的不備をそこで考慮している。

つまり未来像には、それを仮構した人が「現在」をどう評価しているか、「現在の状況」と、どんな関係を結んでいるかが写し込まれている。だとすれば、歴史の中で次々に仮構された未来像を通時的に辿ることは、その時々の人々の現状認識を知る有効な方法になる。想像力によって仮構された非現実的な未来のユートピア像が、夢想家たちが意図したか否かを問わず、現実の精妙なネガになっているのである。

ただし現在の不備や過剰を意識している点で同じでも、未来には様々な語られ方がありえる。それについては、ニーチェが『反時代的考察』において歴史に対して行った区分を、未来に対して対称的に適用することが可能だ。

世の中には過去の歴史的達成を記念碑として誇ったり、まるで骨董を愛でるように歴史を懐かしむ人がいる。そんな人達にとっての歴史を、ニーチェはそれぞれ記念碑的歴史、骨董的歴史と呼んだ。問題は、そうした態度が行き過ぎると「昔は良かった」と口にするだけで今を生き生きと生きる建設的な生命力が衰弱してしまうことだ。ニーチェはそれを「生に対する歴史の弊害」として批判する。

それに対して「現在」を考えるために歴史を見返し、歴史の審判を仰ごうとする姿勢がある。もちろんこの場合も、なんでも過去に依拠するようになってしまうと問題だが、現在をよく生きるために過去を振り向いている限りは、生に対して利益があると考えられる。こうした用いられ方をする歴史を批判的歴史とニーチェは呼んだ。

それとまったく同じ論法で、未来は記念碑的だったり、骨董的だったり、批判的になったりするのだと思う。記念碑的未来、骨董的未来がただ自慢され、愛でられるだけになりがちなのに対して、批判的未来は未来から遡って考える回路を通じて「現在」をより良き方向へ牽引しようとする、そんな指向性を有するものだ。

そのいずれの未来を導出する「現在」がその時あったか、その時々の「現在」はそんな未来像によっていかなる影響を受けたか。かつて描かれた「むかしの未来」を相手にそうした事情を調べる作業こそ、未来史研究という言葉で呼びたい。

ここではその適用実験をしてみたいと思う。例として相手取るのは日本の戦後においてもっとも大規模に未来が描かれたイベント――大阪万博だ。

大阪万博は七〇年三月一四日から九月一三日まで六ヵ月にわたって開催され、延べ六四〇〇万人を超える入場者を集めた。あくまでもリピーターを複数回数える単純計算だが、当時の日本の人口が一億三〇七〇万人だったことを思えば、そのちょうど半分、つまり国民の二人に一人が会場のあった千里の丘を目指したことになる延べ来場者数は、やはり相当なものだったということになるだろう。

参加国数は前回（六七年）開催のモントリオール博の六一を大きく凌ぐ七七（うち万博初参加国が二五）。史上最大規模が謳い文句だった。一日の最大集客数は八三万人、そこまで行かずとも集客数五〇万人を超える日はザラで、入場ゲートや人気パビリオンの前には常に長蛇の列が出来た。万博協会の調査でも平均会場滞留時間六時間半のうち四時間半が待ち時間だったと報告されている。これでは万国博ではなく、行列博だと揶揄されもした。

特に人気だったのはアメリカ館の「月の石」展示で、我先にそれを見ようとした人々が将棋倒しとなって怪我をする事故が開催後まもない三月二二日に発生している。こうした事故はその後も続き、行列博どころか残酷博だという有り難くない渾名まで頂戴した。

今となっては、こうした異様なまでの熱気の高まりを想像することは難しかろう。だが――、もちろん大阪万博はまぼろしだったわけではない。当時の日本の状況が、確実に反映されている歴史的イベントだった。大阪万博とは、そして、それを巡る熱気とは何だったのか――。それを理解することなくして、戦後日本の通過してきた軌跡は描き出せない。

そもそも大阪で万博を開催するというアイディアは、六四年一月の大阪商工会議所の新年会の席で関西財界の長老、杉道彦が提示したとされている。こうして財界主導で緒に着いた万博は、蓋を開けてみると極めて企業色の強いものになっていた。企業パビリオンが三〇出展されていたうち、外資系はコダック、ＩＢＭ、ペプシコーラなど四社に留まり、残りは国内の大企業が単独(松下館、クボタ館、リコー館など)にか、旧財閥系のグループとして(住友童話館、三井グループ館など)、あるいは産業別連合として(自動車館、せんい館など)出展したものだった。

これは万博開催に向けての準備が着々と進められていた六〇年代後半という時代が、まさに日本の高度成長期の仕上げの時期に当たっていた事情の反映でもある。六五年の日本のＧＮＰは八八三億ドルで、アメリカ、西ドイツ、イギリス、フランスに次ぐ四位だったが、六八年には一四一九億ドルでアメリカに次ぐ二位になっている。企業パビリオン多数出展の背景にはこうして蓄積されつつあった日本経済の体力があった。

そして万博自体が内需創出の巨大な装置で、三三〇平米の会場予定地の整備には膨大な数の労働者と資材が投入された。工事を請け負って財を成した中に、後にバブルの帝王と呼ばれることになる末野興産社長・末野謙一なども含まれていた。

企業色の強さと共に大阪万博を特徴づけるのは露骨なまでの未来指向だ。三年前に開催されていたモントリオール万博にもその傾向は窺えたが、大阪万博に至って「博覧会会場は未来都市のモデル」という考え方はより濃厚となっている。

たとえば丹下健三と共に基幹施設プロデューサーを務めていた（が、後に辞任する）京大教授・西山《にしやま》卯三《うぞう》らが六六年に提出した会場計画が、早くも万博会場を「未来都市のコアにする」ことを基本方針として謳っている。会場周囲に大きな周回路を作り、周辺の駐車場にコンピュータ制御でクルマを誘導する方法、広大な公園を隣接させ、会場内には日曜広場から土曜広場までの七つの広場スペースを散らした空間設計、動く歩道（――その上を歩くべきか、立っているべきかという初々しい議論があった）などの新設備の利用などは、当時、育まれていた未来都市のイメージを具象化したものだった。

パビリオンにも未来指向は溢れていた。たとえばエアドーム（アメリカ館）や吊り天井（オーストラリア館）といった斬新な建築方式が用いられていたり、モダニズムの機能主義からは程遠い奇抜な意匠（たとえばガス館はブタのかたちを模した蚊取り線香容器そっくりのデザイン）だったりした。展示内容においても無線電話（電気通信館）、ウルトラソニックバス（カプセルに入ると自動的に身体を超音波洗浄してくれる風呂。サンヨー館）など、未来の生活を予言する趣向の機器が数多く出展されていた。

こうした未来指向もまた時代の産物だった。アメリカ館の月の石は開催前年に月面着陸を成功させた有人宇宙船の手みやげだった。有人月面着陸では先を越されたが、ソ連も負けじと宇宙開発計画を主な出し物にしていた。宇宙ロケットは大陸間弾道ミサイル技術に直結しており、核戦争を想起させる弾道弾はいかにも血なまぐさかったが、宇宙ロケットとなると明るい未来を彷彿させた。

このように最先端科学技術の実力を印象づける達成が数多くあり、その延長上に多くの人々が遠く未来を夢見ていた。

そこで、どこまで遠い未来が視野に入っていたか――、それを窺い知るエピソードがある。松下電器と毎日新聞社は万博開催を記念して共同でタイムカプセルを埋設する事業に着手していた。これは未来の生活を今、先取りするのではなく、七〇年時点の生活ぶりを未来の人々に見せようという企画だったが、埋設容器にはプルトニウム（！）の放射性減衰特性を利用して時を刻む計器がつけられており、その目盛りは一つが百年、最終的な発掘・開封は、なんと五千年後という壮大な内容だった（実はタイムカプセルは二つあり、一つは五千年後まで封印されたままだが、もう一つは時代の節目ごとに掘り返し、開封してはまた埋めることになっていた。この最初の開封が二〇〇〇年三月に行われた)。

そして大阪万博の三つ目の特徴は、祝祭的性格の極端な強調である。総合プロデューサーの丹下健三は「世界人類のお祭りであるとの意識をはっきり打ち出したことは、東洋で初めて開かれる万国博と考え合わせ、エポックを画するもの」と述べていた。丹下は「お祭り」を「それでどうにかしよう、そのあとでうまいことしようといったものではなく、絶対的な消費が本質」となると定義する。確かにここまで「割り切った」コンセプトを持つ万博は過去に例がなかった。

こうして高度成長期のピークを彩った未来指向のお祭り――、大阪万博はとりあえずそう形容できる。そして、その祭りを演出する強力な舞台装置が用意されてもいた。開会式の日、日本原電敦賀《つるが》発電所が運転開始。電光掲示板が「これは原子力の電気です」と告げた。

日本初の商業用原子力発電所である日本原電の東海発電所は既に六六年に運転を開始していたが、関西圏でも原電は発電所の建設に着手し、三月一四日に運転を開始した。これが万博会場への送電を担った。その時、原子力的日光のぬくもりを多くの人が感じ、原子力の「未来」を力強く期待したはずだ。先端技術が応用された豊かな電化生活の基盤は十分な電力供給なのであり、原子力の平和利用もまた宇宙ロケットと同じく明るい未来へと生活を橋渡しする象徴として歓迎された。軍事技術と繋がっている後ろ暗さはそこでは捨象されていた。

未来イメージの確立

こうした未来観が導かれるまでの状況を、少し前の時間まで遡って調べてみよう。五六年、『経済白書』に初めて技術革新という言葉が登場。アメリカの経済学者シュンペーターのイノベーションの語に日本語を当てたものだった。この白書に先立つ一〇年間、日本は傾斜生産方式と呼ばれる石炭、鉄鋼を中心とする復興のための戦略的産業計画を実施してきた。アメリカから入ってくる重油をまず鉄鋼生産に投入し、出来た鉄鋼を炭坑業に投入し、石炭生産量の増加に繋げ、出来た石炭を更に鉄鋼業に投入する。こうした国家的規模の「自転車操業」は功を奏し、また朝鮮戦争による特需も手伝って、日本経済は奇跡的な復興を遂げる。

そして一応の復興事業が終わり、「もはや戦後ではない」が流行語になった五六年、『白書』は「投資活動の原動力となる技術の進歩とは、原子力の平和利用とオートメーションによって代表される技術革新である」と謳うようになる。

確かにオートメーション技術の普及と、原子力利用の実現した社会を夢見る指向性は、当時の日本にあったようだ。たとえば『週刊東京』五七年五月二五日号の「茶の間の科学」と題された連載頁には「夢ではない押ボタン生活——フロたきから原子炉まで」という記事となっている。

ボタンを押したら、あとはレコードでも聴いていればよい。機械が勝手に動いて、三〇分後にはおいしそうな料理が、おサラにのって食卓に現われる——そんな機械が、このほどアメリカで完成した。もちろんまだ試作の段階で、一般に売り出される日は遠いのだが――。

いかにも時代めいた文句で始まる記事は、自動料理装置をオートメーション技術の卑近な例として掲げている。が、記者がその後に引いてくる例はアメリカのガルフ石油のオートメ工場であり、それに勝るとも劣らないとされる東京ガス大森工場を次に紹介し、そして「東海村の原子炉にもこのオートメ技術が採用される予定だ」と続く。

その記事で注目すべきは、「オートメ化」が進めば「原子炉で働く熟練工も白血病などにならない」と結んでいた点だ。『白書』では原子力開発とオートメーションが技術革新の二つの核心として並置して書かれているが、概念的にはオートメの方が上位にあり、自動制御化こそ原子力平和利用を実現させるキーであると考えられている。確かに自動制御技術が完成することで、様々な無人運転、無人操業が可能になるし、より精度の高い制御も出来るようになる。そうした技術のメリットを最も必要とするのが原子力開発であり、宇宙開発だった。放射線渦巻く炉心部や遥か遠くの宇宙空間における遠隔操作は自動制御技術なしには実現しない。

この自動制御はコンピュータ利用によって導かれるのであり、コンピュータで制御された未来社会のイメージは広く共有されていた。そうしたイメージの普及に大きく貢献した一人が大伴昌司だった。

たとえば『少年マガジン』六九年四月一三日号巻頭――。そこに「情報社会――きみたちのあした」と題されたグラビア頁が掲載されている。頁をめくるとまず裁判のシーン。なぜか法廷は無人で被告たった一人が言い渡されたばかりの判決を聞いてうなだれている。なぜ彼は一人で法廷にいるのか。それは裁判が既にコンピュータによって遂行されているからだ。次見開きのタイトルは「犯罪情報センター」で、内容的に前見開きの絵解きになっている。犯罪情報センターでは犯罪に関するあらゆる情報がコンピュータに記憶されており、指紋の照合や、過去の似た手口の犯罪例の検索、犯人の逃走経路のシミュレーションなどが、コンピュータ上で行われる。そして逮捕された犯人は、やはりコンピュータを使って過去の判決例と照合され、有罪なら刑務所に送られると図解されている。

更に次の見開きは「教育情報センター」。これまた中央教育センターのコンピュータにあらゆる教育に関する情報が集められており、生徒達はコンピュータに記憶されているマルチメディア（さすがにこの言葉は使われていないが、映像と音声のやりとりがある）教材を呼び出し、個々人で端末機と対話しながら学習をしている。

四番目の見開きは「情報社会の花形、電話」。電話線を使った災害監視システム、テレビ電話、特定のカードを差し込んでダイヤル操作なしで相手を呼び出すカード式電話、電話線を通じて新聞記事を送るファクシミリ新聞などが紹介されている。

そして第五と第六の見開きは自動車に関する未来図となる。最初が「ドライブイン病院」で、自動車に乗りながら自動検診機によって検査を行うドライブスルー方式人間ドッグの提案だ。次いで「自動ドライブ時代」と題されたカーナビゲーション・システムが紹介される。自動車は高速道路に仕込まれたアンテナからの指令を受けて、交通情報センターの指示に従い最も効率の高い運転コースを自動的に選んで進むとされている。

そして最後の見開きが「新しい生命の創造」。当時、そこに描かれたDNAのらせん構造は専門家を除けば殆ど未知の存在で、そんな遺伝子までを「情報社会」という枠組みの中で扱ったこと、それを、しかも少年漫画誌上のグラビア頁で実現してしまった点にそのページを構成した大伴昌司（絵は生頼範義）の大胆さが窺える。

大伴は一九三二年二月生まれ。父・四至本八郎は親米家ジャーナリスト。大伴自身の本名は四至本豊治だった。五四年、大伴は慶応日吉高校から慶応大学文学部に入学。同五八年に文学部を卒業し、法学部政治学科に再入学する。この頃から旺盛な執筆欲を示すようになり、『ＳＲマンスリイ』という同人誌に投稿を始める。同誌はミステリーの研究書であったが、六二年刊行の同誌第四七巻で大伴はＳＦ特集を組んでおり、その後の活躍ぶりを彷彿させる。

こうした創作活動と並行して大伴はＴＶの仕事を手掛け始める。脚本を書き、番組構成を行い、時には声の出演までこなした。『テレビ幼稚園』、野際陽子をキャスターに迎えた『女性専科』、『美術サロン』などの番組に大伴昌司のクレジットが残されている。

こうした流れの中で大伴は時代の寵児になってゆく。六六年、ＴＢＳで『ウルトラＱ』が放映開始される。ＴＶ局に出入りしていた大伴は『ウルトラＱ』の企画にも一枚噛んでいた。しかしそれだけでなく、より自分の仕事の領分に引き寄せた形でウルトラシリーズに登場する怪獣を表現できないかと考えた。

そうして生み出されたのが、『少年マガジン』の巻頭グラビア頁だったのだ。彼は「ウルトラＱの総て」の企画構成者として少年雑誌界に登場する。それは怪獣の体内の様子などをビジュアルに解説したものだった。以後、大伴は「図解で明かすウルトラマンのひみつ」「人気五大怪獣ウルトラ図解」などを次々に担当した。

これが人気を呼んだ。長年のＳＦ研究歴で仕込んだ科学知見を動員し、怪獣の秘密をもっともらしく描くことに大伴は、優れた技量を発揮した。そして大伴は単行本でも怪獣図鑑シリーズを刊行。幼少のみぎりの浩宮現皇太子が高島屋のデパートを訪れた時、一目散に書店に駆け込み、それを真っ先に手にしたというエピソードさえ残されている。

こうした旺盛な仕事ぶりでその実力を高く評価された大伴は、怪獣人気がピークを過ぎた後にもグラビア頁構成を続ける。冒頭の「情報社会――きみたちのあした」はそんな時期に作られた。

つまり彼には最新科学の潤沢な知識と、図解という方法に関する豊富な経験があった。それが「情報社会」を子供だましではない、リアルなものにしたのだと言えよう。

こうした大伴の影響力も一つの要因となって未来イメージは確立される。そしてそのイメージを現実にかりそめに降臨させて見せた仮普請の姿が大阪万博であり、そこには迷子の顔をＴＶで確認できるシステムがアブなっかしげだが実働していたし、ファクシミリ新聞なども試験展示されていた。使用者の顔を判定して現金なしでの買い物を実現するキャッシュレス社会のディスプレイなどもあり、大伴が「情報社会」でかたちを与えた技術の多くが、早くも万博会場で実際に姿を現していた。そして、そんな情報社会を実現するエネルギーインフラとして電力に今まで以上に期待が集まっており、それが原子力発電所からの初送電に喝采させる状況を用意してもいた。

「輝く未来」が隠蔽したもの

しかし——、こうした明るい未来像は一種の隠蔽を伴ってもいた。それが露呈するきっかけを用意したのもまた万博においてだった。

たとえば六五年から続いていたいざなぎ景気は万博開催期間中の七〇年六月で終焉を迎えている。その要因の一つは資本の蓄積が過度に偏ったことで、たとえば都市が過密となる一方で多くの地方で過疎化が著しく進行した。そのため政府は七〇年四月に過疎地域緊急対策法を一〇年間の時限立法として施行するに至る。このように経済成長は様々な社会的歪みを巻き起こし、手当を必要とした。そうした偏り、過疎地域のルサンチマンが万博の二年後に過疎地への「利益誘導型」の典型的政治家として田中角栄を総理総裁の座に送り出すことになる。

それまでのように何の制約もないかのような奔放な成長は許容されなくなっていた。この数年後に日本経済はオイルショックを経験、本格的な沈滞期を迎えることになるが、実は失速の兆しは既に万博開催期間中に見え始めていたのだ。

産業・技術の未来にも実は暗い影がさし始めていた。六七年に新潟水俣病患者一三人が昭和電工を相手に損害賠償の提訴を開始する。六七年には四日市でも公害訴訟が開始された。著者の知人に万博協会の通訳ホステス（――当時、コンパニオンという言葉は使われていなかった）として働いていた女性がおり、話を聞かせて貰ったことがあるが、プレスセンター詰めだった彼女は、会場を訪れたマーク・ゲイン（先に引いた『ニッポン日記』の著者）が万博取材をさっさと切り上げ、四日市の公害の取材に出かけたがっていたことを印象深く記憶していた。遠い未来への無垢な憧れが語られる一方で、ごく身近な科学技術の在り方に疑問が持たれ始めていたのも、この時期の特徴だった。

ちなみに六九年の総理府調査で原子力発電所が近くにできるのに賛成か反対かというアンケート調査において、賛成は一八％、反対は四一％である。ただこの時点では「近くに作って欲しくないもの」では石油コンビナートをその例に挙げる回答が全体の五〇％で、原子力発電所を挙げる四三％を上回っている。迷惑施設として核施設も視野に入り始めているが、この時期はまだ化学プラントからの有害物質を恐怖する傾向がかろうじて上回っていた。

こうした公害問題発生の状況は、大伴がその製作に深く関わっていた『ウルトラマン』シリーズにも反映されており、放射線や環境汚染によって奇形化した怪獣や、野放図な開発によって滅ぼされる海底人などが登場する。こうした事実を見ると、『2001年宇宙の旅』が描いたコンピュータ管理社会の危うさだけでなく、文明社会一般の影の部分も大伴の視野に入っていたことは確かだろう。

　だが大伴は「情報社会」で、そうした「負」の部分をあえて捨象した。万博も「負」の未来は描かなかった。描けなかったと言った方が正確かも知れない。アメリカ議会図書館長を務めた文明史家ダニエル・ブーアスティンが指摘したように科学技術には一種の不可逆性がある。たとえば自動車が公害や渋滞を発生させるからといって、それを即座に手放すことは出来ない。社会全体がその存在を織り込んで進化してしまっているからだ。科学技術が導いた問題に関しては、なんとかそれが致命的な状況を招かないように適宜すりあわせを行いつつ科学技術の進化によって凌駕されるのを待つというのが現実的な解決方法であり、なんらかの問題が出たから科学技術そのものを放棄するというのは一見、簡単そうに見えて、実は大きな社会コストを必要とする、より困難な選択なのだ。

　こうした難易度は、おそらく当時の未来図の描き手達にも意識されていたのだろう。眼前に発生しつつある現実的問題に対して、その時点の科学技術レベルで打ち出される処理策は、決して華々しいものではありえない。輝かしい未来図を描く場合、その地味さは厄介だ。そこで、それは無視して、現在の技術レベルとはまったく断絶された夢の技術を仮構してしまう――。それが万博でもっぱら採用された方法だった。

　たとえばそもそも統一テーマの「人類の進歩と調和」からして、複雑な時代性の影が射していた。テーマ委員会委員だった豊田雅孝《とよだまさたか》は「人類の進歩だけではダメだ。そこに調和、『和』の精神がなかったならば、福が転じて禍になるであろうことを示唆し、強調せんとするものになる」と語ったという（『万国博読本』一九六六年）。進歩が人間の幸福に結びつくと信じていられた時代は終わりつつあった。進歩によってもたらされた「福」が「禍」に転じる可能性が露呈しつつある以上、「進歩」の独走は許されず、常に「調和」が意識される必要があった。統一テーマはそんな配慮の産物だった。

しかし実際に「進歩」と「調和」の両立が大阪万博であり得たかと言えば、そうではない。たとえば明治維新から一挙に戦後へと飛躍してしまう日本館の中抜きの歴史展示法は、近隣アジアの人々との「和」を真摯に求めていたとはとても思えなかった。そして国内問題に関しても「調和」はスローガンでしかなく、会場入口で署名とカンパを呼びかけていた水俣からの使節団に対して、協会側は署名活動禁止の規則をタテに、カンパしようとする来場者の手を押さえて制止することまでしたという。

このように「調和」が、ただ美名としてのみ流通する事情に、悪しき歴史の反復を見る声もあった。建築評論家の宮内嘉久《みやうちよしひさ》は「万国博――芸術の思想的責任」（『現代の眼』現代評論社、六八年九月号）で次のように書く。「現にヴェトナムに対する卑劣かつ凶暴なアメリカ帝国主義の侵略に、日本独占資本が荷担しながら、何が調和であり、進歩であるのか。かつて中国はじめ東南アジア諸国への侵略戦争を『聖戦』と呼び、日本軍国主義を美化するミノとして『八紘一宇』の標語を利用したその仕方と、これは本質的にすこしも変わらない」

確かに大東亜共栄圏構想で謳われた「八紘一宇＝大家族的調和」の概念も、日本軍が占領地で行っている行為の実質と著しく乖離した空虚な言葉だった。大阪万博の「調和」の主張と実際との乖離に、満州事変以降の状況との類似を見ようとする宮内の姿勢は、次のような事実を知ると、あながち荒唐無稽とも思えなくなる。というのも日中戦争中の日本もまた万国博の開催を目論んでいたのである。紀元二六〇〇年記念式典の一つとして五輪との同時開催が予定されていた一九四〇年の東京万博は、ドイツ、イタリアなど少数の国からしか参加の名乗りがなく、経済状勢も厳しくなったために中止され、まさに「まぼろし」に終わったが、計画自体はかなり詳細に詰められ、前売り券まで販売されていた。第一会場は東京月島（現・晴海）、第二会場は横浜の山下公園を予定し、神社建築の上に塔を載せる設計の建国記念館がシンボルタワーになるはずだったという。そのテーマもまた「東西文化の融合」であり、確かにそこでも「調和」を宣伝する場として万博が選ばれていたのだ。

アジア侵略の現実を糊塗しようとしたこの東京万博同様、大阪万博でも現実の隠蔽があると宮内は考える。そこで隠されているものは、七〇年安保問題だと宮内は言う。

「もともと大阪万国博は権力の側の目からすれば、一九七〇年安保闘争に対する絶好のカムフラージュもしくは防波堤として計算され、位置づけられていたはずのものである」（宮内前掲書）。

こうした見方は当時の反万博の「常識」のひとつだったようで、美術評論家の針生一郎も同じような内容を書いている。

「日本政府代表の島田通産省企業局長は、アジアで最初の万国博であること、一九七〇年は日本近代化のほぼ百年目にあたること、大阪は世界有数の大都市である上に、近郊は景観と名所旧跡に恵まれていることなどを説いて（国際博覧会事務局の――引用者註）承認を得た」「だが、それは万国博のいわば『顕教』的側面であって、六八年の明治記念行事と結びつけるだけでは、とくに七〇年の時点がえらばれる理由は薄弱だろう。支配層が表面上けっしてふれようとしない安保問題との関連こそ、じつは万国博の『密教』的部分を形づくっているのである」（「くるったイデオロギー」『朝日ジャーナル』朝日新聞社、六九年一月一九日号）。そんな大阪万博に、実践をもって対抗しようという動きもあり得た。その一つに実際に大阪城公園を借り切って自分達も博覧会を開催しようとした反戦万国博覧会――略してハンパクがあった。通称〝反博協会〟事務局長と名乗る木村満彦は、当時、柴田翔が『週刊朝日』に連載していた「グループパワー」に登場、ハンパクの思想についてこう語っている。「ハンパクは、反戦のための万国博だが、またニセ万国博反対のための万国博だと考えても良い。ハンパク参加者のなかには、その両方の考えがあるが、自分としては、そのふたつは一致すると思う。万国博は、人民不在のなかでの近代文明のニセの祭典だ」

しかし――、自分達の博覧会はホンモノだが、大阪万博は「人民不在のニセの祭典」だと叫ぶ彼らの論理には、やはり無理がある。それでは六四〇〇万人に及んだ大阪万博来訪者は「人民」でないことになってしまうのだから……。そこで論理を破綻させずに済ますために「人民は騙されて、ニセの万博に参加したのだ」と考えようとする。実際、ハンパク活動家達の理論的支柱になっていたと思われる宮内は、万博というイベントに芸術家、建築家、デザイナー、一群の知識人が「もののみごとにのせられている」と書いていた。「どうしてこういうことになるのか。答えは簡単である。スポンサーとしての万博は空前の規模のものであるからであり、国家予算の四分の一にも達する巨額の資金がそこに注ぎこまれているからである。報酬の点でも万博の仕事は、たとえば中堅クラスの建築家の設計料が、一億円に達するといわれるほど割がいい。こんな仕事はめったにあるものではないからである」（宮内「『ノン』を言えない建築家」『朝日ジャーナル』六九年一月一九日号）。

だが、この論理は大阪万博来訪者には通用しない。彼らは入場料を自分で支払って会場に赴き、じりじりと肌を焼く猛暑に耐え、行列に並んでいたのだ。そんな彼らの情熱はどう説明されるのか。

万博における共犯性

国の一大事である万博に大いなる情熱を持って駆けつける大衆層が成立したのは、高度成長期を通じて輝かしい未来に憧れて邁進してきた日本の戦後史と無関係ではない。万博の来場者の方も輝く未来を見たがった。そこに一種の共犯関係が築かれ、描かれた技術が「現在」に根拠を持たない根無しのものであっても許され、特に問題視されなかったという状況が招かれる――。

万博にありえたこうした「共犯」性は、大伴の「情報社会」にも及んでいる。そこには致命的な欠陥がある。「現在」と断絶した未来像は夢物語に過ぎず、「現在」を正しく見定め、牽引してゆく力の欠如を導く。それはニーチェの言う記念碑的歴史、骨董的歴史と同じく、ただ誇らしげに提示され、愛玩されるだけの未来像になりがちなのだ。原子力導入への期待も、ただ未来が愛玩されただけだったと言える。

こうした「共犯」はなぜ起きたのか——。

吉見俊哉《よしみしゅんや》は宮内が指摘していたように万博側が知的エリートを囲いこもうとしていた事実をある程度は認めながらも「大阪万博がより深いレベルで内包しているのは、こうした一時的な政治的効果を超えた問題である」と『博覧会の政治学』(中公新書、一九九二年)で書く。多くの来訪者にとって万博はあくまでも中立的な単なる「お祭り」としてしか意識されなかった。こうした実情をこそ検討すべきだと吉見は考える。そして「大阪万博で問われるべきは、それをあたかも中立的な『お祭り』であるように感受していった大衆の日常意識そのもの」なのだと言う。

では、何がそうした日常意識を形成させたのか。吉見が指摘するのは新聞、ラジオ、TVといったマスメディアの影響だ。たとえば大阪朝日、大阪毎日、大阪読売は会期を通じて月八〇本以上の万博関係記事を書き続ける。三月一五日から一ヵ月間、NHKが放映した万博関係の番組は一五一〇時間に及んだともいう(吉見前掲書)。丹下の「祭りとしての万博」論を人口に膾炙させたのもマスメディアだったたし、たとえ万博に対して批判的な報道であっても、人々の意識を万博に向ける機能を果たしてしまう構図がありえた。「大衆の日常意識の動員という観点から見た場合、大阪万博においてマスメディアは批判者でも単なる協賛者でもなく、むしろ主催者であった」と吉見は結論づけている。

確かに大阪万博はマスメディアに巨大な共鳴現象を引き起こし、一気に国民意識を動員してしまうメカニズムを作動させた。たとえば大政翼賛体制の時にもメディアが国民意識を方向付ける役割を果たしている。しかしそれはかなりの部分、自覚的な操作だった。しかし今回は違う。マスメディアがそれぞれ勝手に万博を報じた結果として、つまり全体として一つの方向性を持たない、あくまでも中立な報道が総じて巨大な感化力を持った。

たとえば――、白黒テレビの普及率は六〇年に僅か二〇％だったのが七〇年に九〇％に達した。白黒テレビの普及は東京五輪効果だったが、そうして普遍的なメディアに育っていたテレビが万博の人気を導く。その後、急速に普及率が下がるが、ＴＶが忌避されたわけではもちろんなく、六七年に普及が始まるカラーＴＶと代替されたのだ。その後、カラーＴＶの普及率は七三年に早くも九〇％に達した（小林英夫他編『日本同時代史』青木書店、一九九〇―九一年）。

東京五輪を国民的イベントとして成功に導いたメディアと社会との共振共鳴現象は、万博においてそれまで以上に大きな振幅を社会にもたらした。そのメカニズムは、安保から大衆の視線を逸《そ》らさせようとかいう具体的な政治的意識によって駆動されてはいなかった。確かに大阪万博の巨大な動員力の前に、七〇年安保反対運動はついに国民的盛り上がりを得られず、条約の自動更新を阻止できなかったが、それはあくまでも一つの結果に過ぎなかった。確たる目的意識などなく、発信者の顔が定かに見えないままに流される匿名的なメディア情報が大衆社会と共鳴しあい、一旦動き始めたらもはや止めようのない勢いで時代を転がして行った。そうした展開が可能なまでに、日本のマスメディアは量・質ともに育ち、社会を網羅し始めていた。そして万博会場で多用された色鮮やかな「未来的」映像展示は、それを目撃した人々に映像と音による表現の可能性――、いかにそれが多くの情報を届け、エンターテイメントにもなるかを知らしめ、映像に魅了される社会を再生産して行く。七五年にNHK放送研究所が行った意識調査によると「二―三ヵ月生活する上で何を必需品として選ぶか」という問いに対してTVと答えた日本人は全体の三七%。それは他の商品を挙げた人の比率を大きく凌いでいた（小林他・前掲書）。

この共犯構造の罪深さを知る上で、以下のエピソードは検討に値するだろう。「負」の糊塗にもやがて限界が訪れ、七〇年万博後、地球環境の有限性についていやでも意識せざるを得ない状況が様々に導かれつつあった。たとえば、これはまさに皮肉な巡り合わせと言うしかないが、巨大科学の達成したアポロ計画で、月から眺めた青い地球の写真が撮影され、公開されたことが、エコロジー運動の高まりを導くひとつのシンボルとして機能することになった。月の石こそ大阪万博最大の見せ物であり、人々を「無限の進歩」幻想に酔わせる機能を発揮していたのだが、アポロから地球を振り返ってみたまなざしは、地球が有限な一個の自存的環境系であることを改めて思い出させ、人々を酩酊から醒ましたのだ。

そして七二年、世界二五ヵ国の科学者、技術者、経済学者のサロン的集まりであるローマ・クラブが『成長の限界』(ドネラ・H・メドウズら著、大来佐武郎監訳、ダイヤモンド社、一九七二年)と題したレポートを発表する。これは近未来の天然資源の枯渇や、環境汚染の進行、人口爆発などを分析、シミュレーションしたもので、「世界人口、工業生産、環境汚染、食糧と資源の消費がこのままの成長率で進むなら、一〇〇年以内に地球上の成長は限界に達し、とりかえしのつかないカタストロフが到来するであろう」と説いていた。こうした未来のカタストロフを回避する唯一可能な選択は、現在の成長軌道に修正を加え、成長の止まった均衡状態に移行することしかないと書く『成長の限界』レポートは、発表されたタイミングの良さも手伝って、世界的な注目を浴びる。

こうしたカードが出揃って行くことで、輝く未来を根拠なく謳うスタイルは、あっというまに時代遅れになっていった。無限の可能性に溢れる未来を語るのではなく、地球環境の有限性を考慮し、その範囲の中で等身大の生活を励行しようとする——、そんな提案が未来を語る常套となって行く。

日本でも例外ではなく、そうした状況に真っ先に追随した一人が、他でもない、大伴だった。七二年に大伴はジャンカルロ・マッシーニの描いた児童書『S.O.S.——地球があぶない』(講談社、一九七二年)を翻訳している。この本はイタリアで子供向けに描かれたエコロジー教育の書で「飛び出す絵本」的な凝った作りを有する3Dビジュアル本である。

だが、そこにもはや往年の輝きはない。現実的な、エコロジカルな処世を描くだけだ。それは、かつての大伴の奔放な想像力の発露を知る者にとっては一抹の寂しさを感じさせる仕事だった。そしてそれが大伴のほぼ最後の作品になってしまう。

七三年一月二七日、喘息薬の多用が引き金になったと推測される心臓発作により、大伴は日本推理小説家協会の新年会出席中に倒れ、息を引き取る。その死は、時代を思えば象徴的だ。その死を待っていたかのように同年一〇月、オイルショックが日本を襲い、明るい未来像に浮かれてきた風潮へ決定的な楔《くさび》を打ち込む。庶民が夢中になるのは輝く未来ではなく、一ロールのトイレットペーパーとなった。七四年度の日本の国民総生産は戦後初のマイナス成長を記録する……。

しかし——、ここで注意すべきなのは、こうした減速の時代にも公共投資には一切のブレーキがかかっていない事実である。戦後の日本で公共投資額が増大したのは東京五輪の時期で、一兆円強のオリンピック関連経費のうち大会直接経費、つまり競技場や選手宿泊施設の整備費は合計して二九五億円にしか過ぎない。予算のうち九割以上が交通インフラ整備に注がれた勘定になる。

「オリンピックはいわば起死回生のチャンスと都政担当者は理解し、意義づけた。首都圏整備計画の一部としてオリンピック準備諸事業が行われることになった」（東京百年史編集委員会編『東京百年史』東京都、一九七二—七九年）

これが意識変革の嚆矢となる。

「（東京オリンピックは——引用者註）公共投資の重要性を国民全体に認識させた。〈オリンピックまでに〉の合い言葉でがむしゃらに進めてきた公共投資は東京の素顔をいっきにぬりかえてしまった」。『読売新聞』経済部長の田中宏がこう書いている（『時』旺文社、六四年一二月号）。「公共投資というものが、これほどまでに効果のあるものであることを内外に示したことは、こんごの公共投資を拡大させ将来の総合地域開発を軌道にのせる契機となった、といえよう。公共投資はオリンピックをきっかけに、急速に拡大の道をたどるだろう。そのうえ道路網整備が急速に行なわれた結果、個人の乗用車保有熱に拍車をかけ、ひいては乗用車産業にいっそうの刺激を与えることになったことも見のがせない」。

果たして、その後の日本はこの予測通りの軌跡を描いて発展してゆく。六九年の新全国総合開発計画に始まり、日本全国に新幹線網と高速道路網を張り巡らせる未来絵図が盛んに描かれるようになる。その延長上に田中角栄の『日本列島改造論』が登場する。それについては次章で触れたいが、大衆社会の消費気分は減退したし、私企業の設備投資は石油の高騰などもあって減速したが、「公共」投資は潤沢になされつづけるのだ。そして、それが環境対策や不況に喘ぐ企業を活気づける効果を示した。

中でも拡大の一途を辿ったのは核エネルギー利用技術への公共投資である。日本原電敦賀発電所を皮切りに七〇年代からは次々に原発が運転を開始するようになる。高速増殖実験炉「常陽《じょうよう》」や新型転換炉「ふげん」といった科学技術庁主導の核燃料サイクル確立のための新型炉の建設開始も共に七〇年だった。以後九〇年代半ばまで日本の原子力発電はほぼ直線的と評価できる安定的な成長を果たして行く。これは極めて異例といわなければならない。確かにオイルショックの不安が石油依存度の軽減によるエネルギーの安全保障を求めた事情は理解できる。しかし現実には電力需要は節約されるどころかふえており、原発はそれを補うという性格が強かった。たとえば日本の原子力発電の供給比率は全電力消費のうち三割強に達しているが、そのぶんは八〇年代以降に伸びた需要量に等しい。『成長の限界』の先に描かれたエコロジカルな未来像もまた、批判的未来として実際に現在を導くことはなかった。

これについて吉岡斉『原子力の社会史』はこう書いている。「二度にわたる石油危機をはじめとする経済情勢やエネルギー情勢の七〇年代以降における激変とほとんど無関係に、原発開発が直線的に進められてきたという事実は、何のために原発建設が進んだのかという疑問を惹起せずにはおかない。原発建設はエネルギー安全保障等の公称上の政策目標にとって不可欠であるから推進されたのではなく、〈原発建設のための原発建設〉があたかも完璧な社会主義計画経済におけるノルマ達成のごとく、続けられてきたように見受けられる」。

こうした延長上に「なんとなく」豊かになった日本社会に九〇年代初頭にバブル崩壊という手痛いしっぺ返しが訪れるが、それで甘い夢の中の微睡《まどろ》みが本当に終ったと言えるのだろうか……。

今、改めて万博会場跡を訪れると、高度成長期の象徴だった企業パビリオン群は既に姿を消して久しく、万博記念公園には未来指向の建築物の中で例外的に純粋な芸術指向を貫いた太陽の塔だけが残され、風に吹かれている。「未来を表現しなかったものだけが残ったとは何たる皮肉であろうか」。建築評論家の松葉《まつば》一清《かずきよ》は『幻影の日本――昭和建築の軌跡』（朝日新聞社、一九八九年）の中でそう書いている。確かに太陽の塔が唯一屹立する風景から、往時の熱狂に思いを馳せることは難しい。

現在を批評的に捉え返すような未来像に導かれることなく、ひたすら社会資本が「計画的」に投資され続けた結果、未来的なものはただ愛玩されるだけで消え去り、未来的ではなかったものだけが残った。この逆説を前に、未来とはわれわれにとって何なのか――改めて考えてみるべきだろう。

一九七四年論　電源三法交付金——過疎と過密と原発と

日本列島改造論

田中角栄の『日本列島改造論』（日刊工業新聞社、一九七二年）を読み返す。そこで提案されている方法はともかく、問題を指摘する視点は今なお通用すると思われる。

「水は低きに流れ、人は高きに集まる。世界各国の近世経済史は、一次産業人口の二次、三次産業への流出、つまり、人口や産業の都市集中をつうじて、国民総生産の拡大と国民所得の増加が達成されてきたことを示している。（……）ところが昭和三〇年代にはじまった日本経済の高度成長によって東京、大阪など太平洋ベルト地帯へ産業、人口が極度集中し、わが国は世界に類例をみない高密度社会を形成するにいたった。巨大都市は過密のルツボで病み、あえぎ、いらだっている半面、農村は若者が減って高齢化し、成長のエネルギーを失おうとしている」。

高度成長の結果、日本は豊かになったと言われるが、それは過密と過疎の二極の歪みを生んでしまった。そうした状況に対して「国民がいまなによりも求めているのは、過密と過疎の弊害の同時解消」だと田中は書く。そして「そのためには都市集中の奔流を大胆に転換して、民衆の活力と日本経済のたくましい余力を日本列島の全域に向けて展開する」必要があるとする。その具体的な方法として「工業の全国的な再配置と知識集約化」「全国新幹線と高速自動車道路の建設」「情報通信網のネットワークの形成」を挙げる。そうした整備の結果として「すべての地域の人びとが自分たちの郷里に誇りをもって生活できる日本社会の実現」があるべきだとする。

こうしたビジョンを描く一方で、田中は二者択一を超えていく必要性を説く。「最近では〈開発とは破壊である〉〈産業の発展はごめんだ〉という声が高まっている。私もそうした声には大いに理由があることだと思う。しかし、その議論は開発のデメリットを強調するあまり、しばしば開発のメリットを見落とすことが多い。また〈開発か保全か〉〈産業か国民生活か〉という直線的な議論に飛躍しがちである」。田中は「私たちの生活は二者択一で割り切れるほど単純なものではない」という。そこで引かれる例が電力問題だ。「早い話が電力である。いまでも電力は殆ど供給余力がない。そのうえ大気がよごれるからといって、電源開発をすべてストップすれば私たちの生活はいったいどうなるのだろうか」

なぜここで田中が電力の例を引いたか――。それは後の展開をみれば明らかだ。

「通産省の推計によると、(昭和――引用者註) 六〇年度の電力需要をまかなうためには発電能力を二億三千六百万キロワットと四六年末にくらべ三・五倍以上に引き上げなくてはならない。このうち火力発電が半分、原子力発電が三割を占める見込みである。しかし、電力会社が敷地を拡張したり、計画地点で発電所を新設することは地元の反対でなかなかむずかしくなってきている」

特に原子力発電所に関しては「放射能問題については海外の実例や安全審査委員会の審査結果にもとづいて危険がないことを住民が理解し、納得してもらう努力をしなければならない。しかし公害をなくすというだけでは消極的である。地域社会の福祉に貢献し、地域住民から喜んで受入れられるような福祉型発電所づくりを考えなければならない。たとえば、温排水を逆に利用して地域の冷暖房に使ったり、農作物や草花の温室栽培、または養殖漁業に役立てる。豪雪地帯では道路に積もった雪を溶かすのにも活用する。さらに発電所をつくる場合は、住民も利用できる道路や港、集会所などを整備する」と書く。

「納得して貰う」だけでは消極的という田中の考え方は、多くを魅了したと伝えられる、その演説において語られた言葉でより現実性を増して提案されている。

「東京に作れないものを作る。作ってどんどん東京からカネを送らせるんだ」(『アサヒグラフ』八八年六月一〇日号)。これは田中が柏崎刈羽原発に関して述べた言葉として伝えられている。都心に作れない原子力発電所であれば、地方に作る必然性がある。日本の繁栄のために電力は必要なのだから。それが電力への注目の理由だった。そして、その発電所建設で「住民も利用できる道路や港、集会所などを整備する」。そのためには単に誘致だけでなく、具体的なカネの流れを作らなければならない。もちろん巨大な発電施設を作れば固定資産税は地元に落ちる。しかし、それだけでは足りない——。そうして一九七四年に作られた法制度が電源三法だった。前章で七〇年代以降、オイルショックと無関係に原子力関係施設が安定的に建設され続けたと記した。しかし、それはただ無策のままなされたのではない。電源三法というカンフル剤が打たれることによって実現したのだ。

電源三法とは、一、電源開発促進税法、二、電源開発促進対策特別会計法、三、発電用施設周辺地域整備法の三つのことだ。一によって電力会社が電気料金に上乗せして税金を徴収することを認め、二で特別会計に繰り入れ、三で発電所立地市町村およびその周辺地域の公共施設の整備に充当させる。そのカネが地方振興に生かされ、その地域は過疎からの脱却を果たすと考えられていたとすれば、矛盾はなさそうだが、それは田中に好意的過ぎる見方だ。というのも「東京に作れない」原発は実は過疎地にしか作れないものだった。その立地が、過疎地であることを持続的に必要とするのだ。田中が過疎の地方を振興しようと本当に思っていたかどうかは、そこで極めて怪しくなる。

では、なぜ原発は過疎地にしか作れないのか。

原子力損害賠償法の成立

六一年――、まだ日本の原子力産業が緒にすらついていない時期、正力の英断で日本最初の本格的商業用発電炉となるべき使命を与えられていたコールダーホール炉〔イギリスが当初推進していた炉型。同名の場所で最初に建造されたのでその名で呼ばれる。天然ウラン燃料を使い、黒鉛を減速材として炭酸ガスで冷却する〕は難関にぶつかっていた。英国からの原子力導入の裏側に、日本製サケ缶の輸出枠増大が交換条件として盛り込まれていたと示す駐英大使代理発の公電が明らかになって一悶着あったが、より本質的な問題がやがて浮かび上がり始めた。当初、この炉の経済性の議論は盛んになされていたのだが、安全性については殆ど関心を持たれていなかったのだ。その設置者となるべく新たに設立された日本原電は「コールダーホール炉の安全性に問題あり」という新聞記事がでて初めて耐震問題についての調査団を結成、イギリスに派遣している。

その団長で、耐震構造設計の専門家だった武藤清がこう回顧している。

「関東大震災の記録映画を持って行ってみせたところ、イギリス人は〝こんなことがあるんですか〟というんだね。こちらは、だから原子力についても、いろいろ心配しているんだ、君たちにはわかるまい、といったら、向こうの技術者はみな驚いていたよ」（森一久編『原子力は、いま日本の平和利用三〇年』日本原子力産業会議、一九八六年、九七頁）。

結局、コールダーホール炉は武藤の主張する剛構造（堅牢に作り、揺れを抑えることで耐震特性を得る。当時は東大系の建築家がこの剛構造を推進し、京大系は柔構造、「柳腰」でエネルギーを逃す耐震設計方法を推進していた）設計を取り入れ、岩盤の上に直接建築し、地震への対応が懸念された減速材の黒鉛ブロックも、蜂の巣状態に組み上げることで強度を高めようとした。

そして、コールダーホール炉が置かれる東海村も環境整備に安全面への配慮が盛り込まれるようになる。

東海村の地域整備の歴史は、原子力委員会が日本原子力研究所の設立場所として東海村を選定した時にまでさかのぼれる。正力原子力委員長は地元に対して、東海村の地域整備構想を示し、その実現を約束していた。これが原子力による地域振興策の雛形である。五九年六月、中曽根が原子力委員長に就任すると、正力構想を実現するために原子力都市構想が発表される。具体的には特別立法を制定し、それにもとづいて開発を行おうとした。しかしこの法律は、周辺地域の緑地化、建設制限などの規制面と、工場地帯、産業関連施設の整備など促進面が同居しており、従来の都市計画法とのかねあいの調整もうまくゆかず、結局、国会への法案提出までに至らなかった。

　そうした状況に新しい局面を拓く楔の役を果たしたのが原子力損害賠償法の成立だった。中曽根の原子力都市構想から遡ること二年前の五七年一二月二七日——、暮れも押し迫った中、イギリス側から日英動力協定に免責事項をどうしても加えて欲しいという強い申し出があった。つまり「英国の燃料を使っている原子炉で事故があった場合に英国政府は一切の責任を負わない」。原子炉で発生する事故は、核暴走にしろ、放射能漏れにせよ、いずれも燃料棒がすべての原因物質である。放射能は元を糺《ただ》せばすべてそこから生み出されている。ということは燃料を提供している英国に事故の責任が及びかねない。それを避けるべく、イギリスはあらかじめ免責を申し出て来た。とすると日本側で事故の責任を負う必要が出てくる。しかし、どうやって——。

　奇しくも同じ頃、アメリカのブルックヘブン国立研究所〔ロングアイランドのブルックヘブンに位置し、大学の共同利用研究実験施設として四七年に設立。〕

〔原子力の平和利用を研究する〕が原子力施設の事故に関する報告書を提出していた。WASH－740と名付けられたこのレポートは、アメリカで検討されていた原子力賠償法の参考となるべきもので、大型原子炉内部の核分裂生成物が最悪の気候条件の下で五〇％大気中に放出された場合を想定して、その被害を理論的に計算していた。それによると被害はかなり甚大なものとなり、特別な賠償法をあらかじめ制定して巨大事故に備える体制づくりが求められる。

このレポートの存在は、日本の原子力関係者に衝撃を与えた。被害があまりにも大きくなれば、事故解明の手続きを取った上で、責任主体を割り出し、賠償義務を課して復旧に当たらせるというような悠長なことは言っていられない。復旧措置のために財源もあらかじめ確保しておく必要がある。そのための体制作りをどうするか――。

そこでアメリカで原発事故に伴う賠償方法を定め、既に米議会を通過していたプライス・アンダーソン法が参考にされた。そして、原子炉の設置者に過失がない場合でも設置者が上限無制限の賠償を行う無過失賠償の考え方と、無制限なので設置者（ただし保険を結んでいるので保険会社）の賠償能力を超える場合は国が賠償するという考え方が採用された。

しかし考えてみるとこれは恐るべき、そして奇妙な法律である。なにしろ原子力災害の甚大さがそこでは認められており、無制限の賠償責任が発生することを想定している。そして保険の上限を越えた場合は、国が補償するということを担保として、かろうじて原子力の民間利用へと方向付けている。同じ核エネルギー利用でも兵器であれば、戦時下での使用のため補償など考えなくて済むが、平和利用では被害が出た場合に補償しなければならない。その範囲があまりにも大きくなるので、国が、ある意味でデウス・エクス・マキナ的に登場する。

しかし国にしても現実には財源に限りがあり、無制限の賠償が可能なわけではない。その意味でプライス・アンダーソン法には大きな矛盾がある、実際、日本でそれが検討された時には無制限に賠償すると、国が破産しかねないという意見が大蔵省側から出され、国の賠償「援助」については、国会にはかるということで決着している。つまり、無制限賠償は建前であり、結局は国会がどこまで賠償するかを決める。となると、被害者がどこまで補償されるかは最後の最後まで分からない。万一の時の破壊力が想像できないほど強くなりえる核技術の平和利用は、原理的に保険という考え方となじまないのだ。しかしそうした性格についての真剣な検討はなしに、日本では六一年六月八日に原子力損害賠償法が成立した。

この経緯はあまりにも議論不足だと言わざるを得ないが、しかし、原子力施設の事故可能性がようやく念頭に置かれ始めていたことについては特記されるべきだろう。そして実際の原子力平和利用施設は、原子力賠償法の矛盾を露呈させない方向で実現をみることになる。

原子力安全委員会のウェブサイト（http://www.nsc.go.jp/）に、六四年原子力委員会決定の「原子炉立地審査指針及びその適応に関する判断のめやすについて」（八九年一部改訂）という資料がある。それによれば立地条件の適否を判断するために、少なくとも次の三条件が満たされている必要があるという。

1　原子炉の周囲は、原子炉からある距離の範囲内は非居住区域であること。

ここにいう「ある距離の範囲」としては、重大事故の場合、もし、その距離だけ離れた地点に人がいつづけるならば、その人に放射線障害を与えるかもしれないと判断される距離までの範囲をとるものとし、「非居住区域」とは、公衆が原則として居住しない区域をいうものである。

2　原子炉からある距離の範囲内であって、非居住区域の外側の地帯は、低人口地帯であること。

ここにいう「ある距離の範囲」としては、仮想事故の場合、何らかの措置を講じなければ、範囲内にいる公衆に著しい放射線災害を与えるかもしれないと判断される範囲をとるものとし、「低人口地帯」とは、著しい放射線災害を与えないために、適切な措置を講じうる環境にある地帯（例えば、人口密度の低い地帯）をいうものとする。

3　原子炉敷地は、人口密集地帯からある距離だけ離れていること。

ここにいう「ある距離」としては、仮想事故の場合、全身線量の積算値が、集団線量の見地から十分受け入れられる程度に小さい値になるような距離をとるものとする。

この三条件では、しかし、具体的な指針とはならない。そこで、ここに別紙2として「原子炉立地指針を適用する際に必要な暫定的な判断のめやす」という文書が添えられて、初めて指針は実地に適応可能な具体性を持つ。それによると

1　指針1にいう「ある距離の範囲」を判断するためのめやすとして、次の線量を用いること。甲状腺（小児）に対して1・5Sv　全身に対して0・25Sv　〔Sv（シーベルト）は線量当量。放射線の種類、被曝する物質の性格によって被曝の影響は異なるので、吸収した線量にそうした相違を考慮した係数を掛けて算出される数値——引用者註〕

2　指針2にいう「ある距離の範囲」を判断するためのおよそのめやすとして、次の線量を考えること。甲状腺（成人）に対して3Sv　全身に対して0・25Sv

3　指針3にいう「ある距離だけ離れていること」を判断するめやすとして、外国の例（たとえば二万人Sv）を参考にすること。

特に注目するのは指針とめやす3だ。原子炉敷地は、仮想事故の場合、全身被曝線量の積算値が、二万人Sv〔「人Sv」は集団線量当量の単位。被曝線量当量に被曝者数を掛け合わせたもの——引用者註〕以下になる程度、人口密集地帯から離れていることが必要とされている。二万人Svは決して大げさな数字ではない。人口一〇〇〇万人の都市であれば、住民は二ミリSv以下の被曝しか許されないことになる。しかし二ミリSvは日本で生活する人の自然放射線による年間被曝量にほぼ等しい。その程度の被曝すら許さないほど事故の際の安全性は重視されている。しかし皮肉なことにこの規定がある以上、原発は人口密集地からかなり遠くに作らざるを得ないこと、つまり僻地にしか作れないことが運命づけられるこ

とにもなる。人Ｓｖの値を下げるために「人」数を減らすしかないからだ。こうして立地場所を限定することで原子力事故の賠償が天井知らずになることを防ごうとした。

これは、しかし、原子力発電所の運転継続を国が望む場合、その地域は過疎であり続けなければならないことにもなる。そうでないと立地指針によれば原発立地には相応しくなくなる。逆に言えば過疎化を前提とせずには、事故の際に現実的な範囲で賠償可能の域に留めることは出来ない。これが原子力損害賠償法の裏側にあるリアリズムだった。

となると電源三法交付金は地域振興を本当に目的にすることは出来ない。では、それは何を目的としていたのかということになる。電源三法交付金は永遠に過疎の運命を強いる事への迷惑料、慰謝料的な性格が実は強かった。通産省資源エネルギー庁の委託で作られた立地促進宣伝パンフレットにも次のように書かれている。「原子力発電は国の経済活動や国民生活に不可欠であるとはいっても、原子力発電所のできる地元の人たちにとっては、他の工業立地などと比べると、地元に対する雇用効果が少ない等あまりメリットをもたらすものではありません。そこで電源立地によって得られた国民経済的利益を地元に還元しなければなりません。この主旨で、いわゆる電源三法が作られました」（日本立地センター『原子力みんなの質問箱』）。迷惑料を払うことで原発の建設を進める。実際、七〇年代後半に原子力発電所の新規建設が滞りなく進んだ背景には電源三法の貢献が大きい。しかし――。電源三法のそうした本当の性格は立地地元で正しく理解されているとは言えない。

「仙台になりたかった町」の軌跡

「浜通りと呼ばれるこの辺りは福島の中でも過疎地区で貧しかった。そこから脱皮する手立てが何かないかと悩んでいたときに原発の話が出てそれに飛びついた。危ないものだという意識はまったくなかったと思いますよ――」。

九七年秋、ぼくは角栄のお膝元の新潟と並んでエネルギー消費地東京への電力供給圏となっている福島の、原発が多く立地している海岸沿いを訪ねていた。地域全体が原発誘致熱にうかされているようだった六〇年代を富岡町役場職員が回顧して語る。

時まさに高度成長期で技術礼賛の時代。原発は危ないどころか過疎地区を救う救世主、地域を豊かな近代都市へと変える起爆剤になると地元では思われていた。なにしろ大量の雇用があり得るし、巨額の固定資産税を地域に落としてもくれる――。当時、双葉郡（その中の双葉町、大熊町、富岡町、楢葉町の四町が、結果的に一〇基の原発を受け入れることになる）では「原発が来れば、この辺りは仙台のように栄える」と言われたそうだ。

現地を訪ねたぼくは、駅前の「一等地」にあるにしてはあまりに鄙《ひな》びた喫茶店でコーヒーをすすりながら、「仙台になりたかった町」の辿った軌跡に思いをはせていた。

数字的には確かに、過疎化に歯止めがかかっている。一万二〇〇〇人まで減っていた富岡町の人口は原発の誘致後一万六〇〇〇人まで持ち直した。かつては名うての出稼ぎ地区だったが、今や地域での男性就労者比率は県でも多いほうだ。その意味で原発の雇用力は一応期待に応えてくれている。

そして町のインフラ整備も進んだ。双葉郡でも多くの道路や、図書館などが造られた。しかし、案の定というべきか、原発は結局町おこしの「起爆剤」にはならなかった。原発以外の企業誘致は一向に進まず、「仙台」はいつまでも陽炎《かげろう》のように遠くに揺らいでいるだけだった。

そして建設から日がたって交付金や固定資産税収入が目減りし、黒字自治体から赤字自治体へと変わるまさにそのタイミングで、九一年に双葉町議会は福島第一発電所に七、八号炉の増設を要望する決議をした。「やっぱり原発に頼るしかないんだよ、この辺は」。コーヒーをいれてくれた店主がしみじみと言う。「うちは国道六号沿いにガソリンスタンドも経営しているけど、原発（の増設）工事が始まるのは楽しみだよね。行き来するクルマだって増えるんだから」。

もちろん原発のお膝元といえども、そうしたレールから断固降りるべしと唱えるハンタイ派住民はいる。

地元で反対運動を行って三〇年になる筋金入りの活動家に双葉で会った。取材のアポを取ると「プルサーマル（濃縮ウランだけでなく、プルトニウム混合燃料を原子炉で使うこと）反対」と大きく書いた看板を屋根に組み付けた勇ましいワンボックス車で駆けつけてくれた。

しかし威勢の良いクルマに比べて表情は冴えない。「状況は絶望的ですね」と彼は吐き捨てるように言う。「湯水のように交付金が流れてきたところで原発をなくそうなんて言っても通じない。それにこの辺りじゃ四人に一人が原発関係者なんだから。批判めいたことは言えず、反対運動自体が広く成立しない」。

特に印象的だったのは彼がこんなエピソードを語ったときだった。「このクルマで走っていると案外とガンバレヨと声がかかったりすることはある」と彼は言う。「でも、それはぼくらが反対運動すればするほど国や電力会社は地元懐柔の必要性を強く感じて多くのカネを落とすようになるから。原発で儲けようと思っている人がぼくらを応援している」。

地元ではハンタイ派、スイシン派が各々の原発論を戦わせる構図すら成立しなくなっているのだ。ぼくが訪れたとき、双葉町は町長選のまっただ中だったが、そこでも原発問題は争点になっていなかった。地元では原発自体がむしろ触れられないタブーになってしまうのである。

そんな屈折した構図は、原発立地地区を訪ねれば、幾らでも見られる。

たとえば翌九八年秋には福井県美浜町を訪ねたが、そこもまた例外ではなかった――。ハンタイ、スイシンが屈折した関係を結ぶだけではない。同じスイシンの立場でも国と地元では温度差がある。

敦賀から舞鶴へ、若狭湾に沿って走る国道二七号線から僅かに内陸に入った場所に茶色基調にまとめられた瀟洒な庁舎がある。そこが美浜町役場だ。取材に応じた役場職員は「まずこの事実を押さえておいて欲しい」と前置きして説明を始める。「たとえば固定資産税ですが、今なら出来た施設が一〇〇％課税対象になるんですが、美浜は違った。特例で最初はその一／三に限って課税、それが徐々に二／三、五／六と増えて行く方式だった」

美浜発電所の歴史は古い。二号炉は日本原電の敦賀発電所に続く関西第二の原発として関電の手で完成され、七〇年一一月に運転開始した。僅かにそれに先んじた敦賀発電所の運転開始は万博の会場で「今、原子力発電所からの送電が会場に届きました」と電光掲示板で告げられ、大いに祝われたが、歓迎基調は美浜発電所でも同じだった。

まだ原子力エネルギーに多くの国民が大きな期待をかけていた時代だった。そんな歓迎基調は、実は地元には「有り難くない」ものだった。というのも当時は原子力発電所誘致に名乗りを上げる市町村も数多く、国側は誘致を進めるための特別扱いをさほど必要としなかった。むしろ「そんなに欲しい原発を作ってやるのだから、我慢しろ」という姿勢すら見受けられた。

たとえば固定資産の課税率を一／三から始めて徐々に増やしていくのも、原子力発電所を建設し、維持するに当たって、まだ経験豊富でないために様々な苦労が予想される電力事業者側の負担を税制上で減らす配慮だった。地元へ税金が落ちることは二の次だった。この特例措置の適用により美浜の場合、一号炉で七一ー七三年が一／三、七四ー七五年が二／三、七六ー八〇年が五／六課税、八一年からようやく一〇〇％課税となっている。七四年運転開始の二号炉も同じく段階的に課税比率が増加し、八四年にようやく一〇〇％課税になっている。

しかし、そこで忘れてはならないのは、一方で固定資産税が同時に毎年償却してゆくシステムだということ。原子力発電所の場合一五年償却なので、この特例措置で課税率が一〇〇％になる一〇年後の時点では償却が既にかなり進んでおり、実際の税額は決して多くはならない。

「今は立地場所を探すのが大変だから、最初から一〇〇％の税率ですよ。もしその現行制度だったら美浜町は幾ら多く貰えていたか……、計算した人によると差額は何十億円だったとか。しかもそれは七一年時点での経済価値での数字ですからね、町にしてみれば極めて大きな金額だったことは確かです」と町役場職員は言う。

電源三法が出来たのはその後だった。それは経済成長を実現する電力を確保できるほどの原子炉築造が難しくなりそうな気配を感じての措置だったのだ。そこで風向きは確かに変わった。美浜原子力発電所の場合、一、二号炉は電源三法交付金制度制定以前の運転開始なので当然その適応対象にもなっていない。唯一、三号炉だけが交付金制度の対象になり、最初から固定資産税の一〇〇％課税も実現したが、職員によれば「学校とか、地域に当然なくてはならないものを作るだけで手一杯だった。その後、原発を多く立地させている敦賀市の隣地ということで、向こうに新しい原子力関係施設が出来る度に周辺交付金を得て色々とやっては来たが、やはり限度がありましたね」。

原発を誘致すると地元に札束がばらまかれると思っている人が多い。実際、御殿のような公共施設を多く作っている市町村もあるが、決してすべてがそうではない。美浜の場合、出発時にあまりにも貧しかった。山の険しい敦賀半島にはニホンカモシカの生息記録すらあった。海岸沿いに県道は通っていたが、それは名ばかりの県道で、人がすれ違うだけでも苦労する、踏み固められただけの砂利道だったという。原発建設のために工事用車両が通過できる道路が出来るだけでも地元は感動した。だから誘致に名乗りでて積極的に動いた。少ない固定資産税でも、電源三法なしでも当時は有り難かった。

だが今や事情は異なっている。

美浜原発は運転開始してからもトラブル続きだった。七〇年の運転開始からわずか一年半後の七二年六月に蒸気発生器細管の損傷事故を起こし、一次冷却水が毎時七〇リットルの勢いで二次側に流れ出た。以後も細管は弱点でありつづけ、運転再開しては停止が繰り返される。他地域なみの公共インフラをとりあえず手に入れた地元にとって原発のトラブルは気になる。

他地域でも同じで、トラブル続きが原発への不信感を漲らせ、電源三法のボーナスなしには全国的に新規立地確定が進まない状況がもはや固定化されたが、今やそのボーナスがむしろ悶着の種にもなる。

「わずか数年先駆けたために財政面で非常に不利となったことも、もちろん当時の法律に従っていたんだから文句は言えない。しかし地元はやはり面白くない。しこりになっています。何か国が配慮してくれれば、もう昔の話は水に流そうということになるんだが……」と職員は言葉を濁した。

現在、美浜町では「ＢＩＧＷＡＶＥ構想」と銘打って商業施設と観光保養施設とからなる双子の総合消費拠点を作る話が持ち上がっている。町の用意した企画書には美しい若狭の海岸に沿って作られた施設のイメージ画が描かれており、「電気のふるさと、美浜町のシンボルとして……、二四時間光り輝くまちづくり」の言葉が添えられている。原子力発電所と豊かな自然資源とを響き合わせて、豊かさに向けて離陸したいという気持ちは強くあるのだ。

しかし、となると、やはり財源をということになる。そこで、ここでも増炉要請という話が出ているという。「原発の後はまた原発で」というレールがやはり敷かれている。

地元にしてみれば今度こその思いがある。役場職員が言う。

「振興策は将来に向けていくべき。ただ豪華な施設を作って現在において満足するのではなく、集客能力があったり、雇用促進に繋がって、市町村が未来に向けて発展してゆけるような施設を作る。そして総合的な開発計画の中で行うことも大事ですね」

将来のためになる振興策とは、それがきっかけとなって次々に地域を豊かにする流れが生まれていく「起爆剤」的なもの。職員はそう主張する。しかしそれはおそらくは難しい。事故の際の被害額の問題を脇に置いても、原発はそれ自体がそう多くの労働力を必要とする施設ではない。つまり原発が出来たからといって地域の人口が倍増するようなものではない。

しかし、それでいて過疎地区の人口に対する雇用の発生は相対的に強力であり、その地区の労働力は確実に吸い上げられる。となると、就業可能人口がもはや枯渇していて雇用に苦労させられることが宿命づけられている場所に原発に続いて他の企業が進出することはありえない。その意味でも原発は「孤独」を宿命づけられているのだ。だから地元地域は原発の固定資産税、交付金を得るだけで、その先に進めない。

「迂回システム」を超える視点

こうして地元で話を聞けば聞くほど、初めのボタンの掛け違えを思う。

たとえば、事故の際の被害が見積もられ、そこからのリスク・マネジメントの発想から、原発立地には都市を避けるべきだと考えられていたことが、立地予定地をはじめとして十分に社会全体に知られていたら、歴史はまったく変わっていただろう。どの程度の確率で事故があり得、その場合にどの程度の被害があるのか――。それでもなお地域に受け入れるとしたらどのようなシナリオがあるべきか。当然、そうした議論が戦わされたはずだ。

その結果、商業用原発の初期導入にかなりの遅れが生じたかもしれない。原発技術の黎明期ゆえ実績にもの言わすこともできず、設置が一切認められない最悪の事態すら導かれていたかもしれない。設置者側がそんな結末に至ることをなによりも恐れていた事情は想像に難くない。

しかし、だからといってリスクに関する情報をなんとなく曖昧にしたまま、固定資産税や交付金収入という原発建設から派生する魅力に誘われる地元に「これ幸い」とばかりに応じて、速攻で原発を造ってしまうべきではなかった。リスクはリスクとして、ベネフィットはベネフィットとしてその及ぶ範囲やそれぞれの性格を示し、加えて未知の部分がどの程度あるのかを包み隠さず明らかにしたうえで、立地地区住民の判断を仰ぐ。それで合意が得られればよし。合意が得られず、それでもなお設置したいというのであれば、住民側が（過小評価でも過大評価でもないリアリズムで）原発にはどのようなリスクがあり、それに対してどのようなベネフィットがあれば受け入れられるのかを聞き出して、それを炉設計や、住民への補償制度に生かす案を作り上げて、再び判断を仰ぐ。そうした慎重な手法が取られるべきだった。現状で推定可能なリスクを踏まえて構想された未来像は、当然、現在の不備を鋭く逆照射する「批判的未来」にもなるはずだ。かくして未来が現在を導き、現在が未来を形作る関係が確立される。そうした関係の中でこそぼくたちは核技術の受容に、あるいはその拒否にと「賭け」るべきだった。

しかし、そうした手続きは取られず、電源三法を中心とした振興策の明るい面だけが無根拠に謳われる。その意味で日本の原子力を巡る状況を大きくねじれさせた分水嶺となったのは七四年なのだ。

田中角栄が政治家になってゆくにあたって、同郷新潟人の心情を踏まえていたことは言うまでもない。

明治一三年の人口調査で新潟県は日本の府県別ランキング中、最も人口が大きかった。有数の米どころであり、多くの労働力を集約する必要のある水田耕作面積が広かった結果だった。しかし近代化が進むにつれて、新潟は東京へ労働力を提供する地域となって行く。第一回国勢調査が行われた大正九年には七位に下がり、高度成長期にベスト一〇圏外においやられた。東京は同じ第一回国勢調査でトップに躍り出て、以来、不動の首位に留まっている、明治一三年にベスト五にランクされた府県もその後もベスト一〇に留まっている。それに対して新潟の凋落ぶりは著しい。

そんな新潟県民は田中に夢を託した。田中が国政で頂点を極めてまもない時期に新潟で策定された「特殊開発プロジェクト」が、人口において旧に復することを期待していたのはごく自然なりゆきだった。この「特殊開発プロジェクト」の内容については「国土開発の高速ネットワークとしての上越新幹線の五一年開業、北陸縦貫自動車道、都市間幹線動線としての国道八号線、一一六号線の再整備」が挙げられている。これは田中の日本列島改造計画のビジョンに叶うもので、実際に田中の政治力で公共投資を誘導することによってかなり強引に建設が進められた。

そしてその「特殊開発プロジェクト」にはもうひとつの目玉があった。「柏崎原子力発電所の建設」が含まれていたのだ。その建設予定地は昭和二九年に地元で自衛隊誘致特別委員会を設置して防衛庁に陳情に行ったものの、「自衛隊ですら敬遠した」荒れた浜だった（江波戸哲夫『西山町物語』文藝春秋、一九九一年）。そこを活用し、更に雇用を開拓することもできる原子力発電所誘致は、これまた田中の剛腕による電源三法交付金で地元をもまとめることで成立し、完成後には世界最大の発電量を誇る原発となった。

しかし、その人口回復への効果はというと、西山町の七五年の人口実数は八三六三人、八五年には八〇三七人。かつては一万一〇〇〇人余の人口を擁していたことを思えば、けして旧に復してはいないのだ。西山町が七三年に策定していたプロジェクトには「本町の将来の中心地域の基礎集落地域は商業、情報収集処理、金融、教育、文化、娯楽サービスその他都市的中枢施設、公園緑地を重点的に配置する」と謳われていた。美浜町「ＢＩＧＷＡＶＥ構想」とどこか似ている。というか地方振興のビジョンはどこも呆れてしまうほど似ている。そうした個性のないビジョンしか生み出せないほど、「豊かさ」のイメージが「貧しい」ところに地方の抱える問題の深刻さが象徴されている。

「石油文明とは迂回度を際限なく高めようとする」と室田武は書く（『原子力の経済学』日本評論社、一九八六年）。確かにぼくたちは石油の力を借りて、生産と消費の直接性を手放すことで豊かさを得てきた。石油を燃やした熱でハウス栽培をし、あるいは南半球で出来た作物を空輸して冬に夏の野菜を得る。石油を燃やして走る耕耘機によって大規模農業を実現し、そこで出来た食物を保存するために石油を燃やして作られる電気を用いる。もしも自分の家の畑で季節の作物だけを作って食べているのであれば、こうした迂回はすべて不要になり、石油消費もしないで済む。しかし我々は石油を燃やしつつ、生産と消費を様々に迂回させる文明に慣れてしまった。原子力はそのベクトルを更に進めるものだ。電力消費地から遠く離れた場所にしか作られない。これこそ迂回の極限のかたちだと室田は書く。

そしてこの迂回こそが、同時に原発立地を過疎のままに留め置くことに繋がる。

田中角栄の『日本列島改造論』は、こうした迂回システムを日本全国規模で構築することを目的としていた。「日本列島を現在よりももっと豊かで、公害が少なく、住みやすい国土に改造することは可能である。……その場合、長期かつ総合的な計画にもとづいて社会資本を先行的に誘導することがなによりも重要である。同時に、各地域の発展の可能性に応じて地方に工業を配置し、誘導することが有効である。工業は地域開発の起爆剤であり、主導力であるからだ」。

しかし、社会資本の誘導が原子力発電所の誘致に至っては更なる過疎を招く。過疎にしか作れない原発は過疎を愛する。もし過疎から更なる過疎へという循環を避けたければ、迂回のシステムを超えるものを我々が用意しなければならない。そうしない限り、過疎の問題、そしてその裏返しの過密の問題は解決し得ない。電源三法で金銭面でしか豊かになれない過疎地の命運は、この迂回システムを超える何かが作れるかどうかにかかっている。

で、どうするか――、方策は分からない。しかし方策が見当たらないからこそ今、すべきことは明らかだ。

こうした地域対策問題の取材中に某電力会社社員がボソッと漏らした言葉を僕は印象的に記憶している。「確かにここにきて新規建設が滞っているわけだけど、これは神様がちょっと立ち止まれ、今までのやり方を見直してみろと言っているのかと思うことがある」と彼は言った。

まさに今こそ先に進むために、立ち止まる時期なのだろう。貧しい「豊かさ」のイメージしか持てないまま、まさに「なんとなく」育ってきた繁栄への期待に「」を打つことが必要なのだ。

しかし……、実は相も変わらず現状の延長線上には「」ではなく、次の一手が打たれ続けている。九七年七月、双葉郡広野、楢葉町境に一一面のサッカー場を中心に練習場、ホテルなどからなる巨大な施設が完成した。その建設主は東京電力。完成と同時に施設は県に寄付され、Jビレッジと命名された。

このJビレッジ、東電側は「長年、発電施設を受け入れてきてくれた福島県へ感謝の気持ちを示したもの」と説明するが、提案、建設スケジュールは福島第一発電所の増炉計画と実はぴったり一致する。増炉計画が知事の抵抗で頓挫してしまったので独立オープンとなったが、交付金や固定資産税のように行政経由ではなく、電力会社が直接、原発関連施設の建設と並行して大規模な「地域振興」策を打ち出したケースとして注目に値する。

「従来の地域振興策がうまく機能していないという認識があった」

福島県知事を社長とし、施設の運営にあたる第三セクター方式の新会社「日本フットボールビレッジ」に東電から出向中の社員も言う。「道路ができた、ハコものもできた。しかし、それで地域住民が豊かになったと感じられるかというと、昔はともかく、今は違うと思う。これからは心の豊かさをもたらせるような地域振興が必要」。

考えはわかるが、それがどうしてサッカー施設に繋がっていくのか。

「たとえば全日本の代表選手が練習に来る。全国大会が毎年六大会開かれる。当然、取材メディアも多く集まり、双葉郡の知名度は上がっていく。サッカーを中心として人と情報の交流を育み、それで地域の誇り、喜びを醸し出していきたい」

もちろん心の満足だけでなく、地域が実収入を得られるような配慮もしている。「付設したホテルのキャパシティはあえて低めに。そうすれば地元の施設に泊まる人が増える。それ以外にもさまざまな地元経済への貢献はあり得るはず。国体がひとつの地方に回ってくるのは五〇年に一度だが、ここは年間何十日も大きなイベントを打つのだから――」。

実際、ワールドカップで一旦は冷えかけたサッカー人気が再燃しているのは事実。日韓共催ワールドカップ中継は東京五輪に次ぐ視聴率を記録した。これが万博の時と同じく、批判を忘れた大衆社会を成立させ、サッカーの牙城としてのJビレッジの名を高めるとともに、利用者増にと繋がり始めれば、東電の好感度はアップし、増炉凍結の風向きなど案外と簡単に変わってしまうかもしれない。問題の深層構造を解決させないまま、表層で問題を糊塗してしまう連鎖反応がこうして選ばれ、原発が、相変わらず計画経済的な手堅さで作られ続けることになる可能性は少なくない――。

しかし、核施設を媒介とする利益誘導が本当に地方のためになるかは先にも書いたように不明だし、日本のため、地球のためになるかどうかも分からない。それだけは確かなのだ。核技術が使えなければ、果たして田中はその日本改造論を思いついただろうか。田中は失脚したが、地方への利益誘導を武器に農村保守層の支持を得て行く政治手法は、経世会に引き継がれ、長く日本を支配し続けた。そしてそんな日本の国内体制が国際政治にも影響し、あるいは国際的な核政治が日本の利益誘導政策にも影を落とし……、ここにも核が戦後史に影響した構図がある。

一九八〇年論　清水幾太郎の「転向」――講和、安保、核武装

核の選択

一九八〇年五月一五日、清水幾太郎《いくたろう》は『日本よ国家たれ――核の選択』を自費出版のかたちで発表した。九六頁の小冊子は内容として「新しい戦後」と題された清水の文章と、軍事科学研究会作成の「日本が持つべき軍事力」の二部構成だった。総印刷部数は三千部で数百部を防衛庁関係者に、二千部を日本青年協議会に贈呈したと清水自ら後書きで記している。

この少部数の自費出版本は少なからぬ話題を呼び、雑誌『諸君！』七月号に全文掲載された。その時のタイトルは「核の選択」となっていた。これは「日本が持つべき軍事力」の中のひとつの見出しを選んだもの。『諸君！』七月号は表紙、目次、本文に「核の選択」という巨大な文字を配し、本文のタイトル表記にいたっては五〇ミリメートル平方もの巨大な活字が使われていたと、『清水幾太郎著作集』解題で、全集の編者を務めた実娘の清水禮子は、『諸君！』版元の文藝春秋社の、耳目を集めることに露骨な方法を冷笑的に回顧している。もっとも当時の清水自身はこのタイトル変更が「『諸君！』編集部の鋭いセンスによって」なされたと自ら書いており、そ

れほど不本意なものではなかったことを表明してはいた。

実際、この論文掲載号は営業的には大きな成功をもたらし、その幾ばくかは派手なタイトルのせいだったのだろう。結果として清水は、新しい支持者を得ると同時に、多くを幻滅させることにもなった。なにしろ清水はその二〇年前の六〇年安保を、反体制の立場で、つまりアメリカの核の傘に留まることを拒否せよと主張して全学連の学生と共に戦った社会学者であったからだ。

二〇年前の一九六〇年、清水は『世界』六〇年五月号に、代表制民主主義の枠を越えて直接行動の必要性を訴える「今こそ国会へ――請願のすすめ」を掲載した。これが一七万人の国民の足を国会へ向かわせる強力な影響力を発揮した。

現在、衆議院では「日米安全保障条約等特別委員会」が開かれており、政府と野党との間で新安保条約に関する討論が続けられている。言うまでもないことだが、野党の反対を押し切って、新安保条約がこのまま承認されてしまえば、少くも今後一〇年間、日本国民はこの事実上の軍事同盟条約によって金縛りにされてしまうのである。特別委員会の討論は、一日一日、われわれの運命を決定していると言ってよい。（中略）

議場では、社会党議員が質問し、岸首相や藤山外相が答えている、と言えば体裁はよいが、これは決して答弁という名に値するものではない。社会党議員が一々証拠を挙げて、具体的に質問しても、答弁はその場限りの言い逃れで、ヌラリクラリ、全く糠に釘である。（中

略)

つまり、新安保条約の問題は、今、例のお決まりのコースを滑り始めているのである。社会党議員の質問に対してヌラリクラリの答弁が続いているうちに、時期を見て、自民党側が討論を打切り、採決へ持ち込もうとする。(中略)これは、戦後、われわれが何回も、何十回も見てきたところの、そのたびに日本が平和と独立と民主主義との線から逸れて行ったところの順序である。新安保条約も、既にそのレールの上を批准に向けて滑り始めているのだ。(中略)

既にレールの上を批准に向って滑り始めている新安保条約に対して、われわれは何を為し得るのであるか。われわれの手に何が残されているのであるか。それは請願であると思う。請願が唯一のものではないかも知れないが。われわれが今日にも出来るのは、衆参両院議長に対する請願だと思う。(中略)

今こそ国会へ行こう。請願は今日にも出来ることである。誰にも出来ることである。(中略)北は北海道から、南は九州から、手に一枚の請願書を携えた日本人の群が東京に集まって、国会議事堂を幾重にも取り巻いたら、また、その行列が尽きることを知らなかったら、そこに、何者にも抗し得ない政治的実力が生まれて来る。それが新安保条約の批准を阻止し、日本の議会政治を正道に立ち戻らせるであろう。(『世界』一九六〇年五月号)

この呼びかけに応じ四月一五日から始まった安保反対の直接国会請願は、四月二五日までで衆参両院に対して二万九千通、署名者総数で一九〇万人にも達し、「国会史上空前の請願」と称された。請願を行ったのは全学連所属の学生を皮切りに文化人・学者グループ、国民会議各県共闘などが主となったが、異色な顔ぶれとしては小松製作所の河合良成など機械・繊維会社の社長グループまでも名を連ねた。

翌二六日には国民会議第五次統一行動が行われ、六万五千人が国会へ請願デモを行う。こうした動きに自民党は強行採決をあきらめ、会期延長に望みを託した。五月一四日には請願署名が一三五〇万に達したと社会党が発表。一九日に自民党が会期延長を発表したのに対抗して五月二〇日には全学連主流派七千人が国会包囲デモ。国民会議の請願デモ隊はこの日に参加者一〇万人に、国会会期五〇日延長を決めるかいなかの瀬戸際となった五月二六日には一七万人にも達した。しかし怒濤の中、会期延長が認められ、六月一九日に衆院での決議を経ないまま新安保条約は自然承認されることになる。

こうして望みを実らせるには至らなかったが、反安保運動のオピニオンリーダーとして圧倒的な影響力を誇った清水が、安保闘争の二〇年後に日本の核武装の必要性を主張する論文を発表する。この展開に多くの人が「変節」「転向」の形容を用いた。

たとえば、これは『日本よ国家たれ――核の選択』の中の軍事科学研究会作成の部分だが、こんな記述がある。

「日本は、米国の核抑止力の喪失の中でどのような選択がより賢明なのであろうか。選択の幅はかなりある。一つは、独自の核武装である。これは、フランスや中国などの生き方である。（……）日本はロケット本体、推力としての燃料、誘導装置、そして核爆弾を作る濃縮ウラン技術などの面で、米ソの持つ大陸間核ミサイルと同じレベルのものを造ることが可能である。第二に考えられるのは、西独の生き方である。核運搬手段をわが国がもち、核弾頭を米軍から提供してもらうやり方である。（……）第三に、核運搬手段をもつ米陸軍部隊を新たに日本に呼ぶことである。この方法の利点は、米国が自国へ核攻撃を受けるという危険性とある程度切り離して、日本自体の局地的防衛のために核抑止力を展開できるということである。（……）第四には、日本に現在駐留する米海・空軍部隊が、わが国に核を持ち込んでくることを公然と認めることである。ただ、この方法では米国の核抑止力が本当に発動され有効に機能するか、という疑問がつねに残ることになる。どの手段を選択することも可能である。そのためには、もちろん、非核三原則などわが国が核抑止力を持つことを禁止する政策や法律を変更しなければならない」

こうした主張は多くの人を啞然とさせた。かつてアメリカの核の傘の下に入ることを徹底的に嫌い、たとえば内灘の米軍基地建設にも強烈に反対した清水がなぜここまで変わるのか。

ここでも「核」を補助線とすることで見えてくるものがある。

清水の核武装論

たとえば六〇年安保闘争に突入して行く前の時期の清水の書いた記事の中で、特に印象的なのは「われわれはモルモットではない」（『中央公論』一九五四年五月号）である。

五四年三月一六日、清水は家族と箱根の山小屋にいた。「三月も中旬になると、箱根の外輪山は、春らしい霞に包まれるようになる。その日の夕方に帰京する予定であった私は、仕事に疲れた眼で、周囲の山々をボンヤリ眺めていた」。文章は穏やかな書き出しで始まる。そしてその山小屋で清水は突然、ぬたが食べたいと欲する。「わけぎ、わかめ、それに鮪を加えて、酢味噌であえ、辛子をきかせたぬたが堪らなく食べたくなった」と描写はあくまでも具体的だ。そしてその食欲は先に東京に帰っていた子供によって家事手伝いに伝えられ、叶えられる。帰京した清水はぬたを食べる。食べ終わって、満足した気分で広げたその日の夕刊で第五福竜丸の事件を知る。鮪が汚染されていることも——。

「翌日、子供はひどい下痢をしたが、目下のところ、私たち一家としては、それ以外に大したことは起こっていない。しかし、その日以来、日本中が、いや世界中が、恐怖と憤怒との入り交じった混乱によって支配されるようになった。この混乱は当然のものである」

生活感溢れるこの文章を綴っていた時期の清水は、鮪を汚染させる核兵器を嫌悪していた。その清水が二六年後には核武装である。しかし、清水の転向の軌跡は、慎重に再検討されるべきものだと思う。

たとえば松浦総三は清水が言論家として三度転向しており、その結果、彼の人生は四期に区分されると書く。まず第一期が生家が没落し、マルクス主義へ傾倒した青年期。清水は唯物論研究会に所属している。だが三八年に清水は同研究会を脱会。脱会証明書を発行させるという周到さで、後に同会の人々が検挙されたときもそれを免れる。

これが第一の転向であり、その後、読売新聞の論説委員として戦局報道、時評を多く匿名で書いている。これが松浦にいわせれば第二期の清水。そして第三期は戦後、平和問題懇談会に所属して講和問題について健筆をふるい始めた時期。戦後民主主義者への転向があった。その後、安保闘争の敗北を経てそれを共産党のせいだと考え、「安保闘争の〈不幸な主役〉」を書いて、岩波の『世界』を追われた時から第三の転向があり、第四期の右傾の時代になるという（松浦「清水幾太郎」――『松浦総三の仕事』大月書店、一九八四―八五年）。

確かに振幅は大きいように見える。しかし目に見えない底の部分で一貫した伏流水が流れてはいないか。

核武装論を説く清水は米ソの軍事バランスの不均衡を論証の起点とする。「戦後三五年、私たちは、今、〈新しい戦後〉に足を踏み入れている。私たちが慣れて来た、私たちが甘えてきた〈古い戦後〉はアメリカの軍事的優勢を根本的条件とするものであった。そのアメリカがベトナムなどで傷ついている間に、ソ連の急激な軍事拡張が進んで、米ソのバランスが達成されたが、前述のように、ソ連の軍備拡張は留まることを知らず、バランスはアメリカに不利な方向に傾き始めている。そこから、新しい戦後が始まっている。新しい戦後においては、日本の安全も、世界の平和も、まったく新しい眼で見なければならぬ」(『日本よ国家たれ』)。

アメリカが軍事的に優位にあった時期であれば、その軍事力に依存し、日本人が安心することも、あるいは出来たかもしれない。しかし今やソ連の軍事力がアメリカを凌ぐ(ここではその認識の妥当性については問わない)。そういう時期に日本がアメリカに守って貰えるという甘い夢を見るのは、いよいよおかしいのではないか、清水はそう指摘する。

かつて米軍はヨーロッパに全力を集中すべきだという意見が、アメリカの高官によって述べられたことがあった。その時にも日本人は大いにうろたえたのだが、マッカーサーに「何があっても日本はアメリカが守る」と言われて胸をなで下ろした。そして「日本は米国の同盟国である必要はない。中立国であればよい。日本は東洋のスイスであれ」というマッカーサーの言葉に感激しもしたのだ。確かに特にスイスのようないわゆる絶対的永世中立国の場合は、周辺国と条約を締結し、自国から軍事力の行使をしないかわりに自国が第三国から攻撃を受けた際に、軍事力で守って貰う集団的自衛の考えをその中に盛り込んでいる。これは武装放棄と日米安保条約のセットに通じる構図だ。

しかし、この「永世中立」をはき違えては困ると清水は言う。スイスは確かに永世中立国だが、徴兵制による強固な軍隊を有している。しかし日本は軍事力を放棄し、国連に参加しつつも制裁権を持たない。

中立であり、永遠に平和であることは夢でしかない。平和はそれを維持する努力を必要とする。『日本よ国家たれ』ではこう書く。「日本が侵略されるというのは、ただ国土が敵軍によって占領されることではない。国民が気高く死んで行くことでもない。敵兵によって掠奪が行われ、男たちが虐殺され、妻や娘が暴行されるということである。そのときに、私たちは〈ひたすら戦争の罪悪性を叫びつつ平和を高唱する〉ことが出来るのか」。

清水は、マッカーサーの発言を受けて書かれ、かつて『中央公論』に掲載されていた一文を、その後に展開された「中立の甘い夢」と画然と異なる例として引く。「……この大義のためには、たとえ自ら起こしたのではない戦火によって国が焦土となり、全国民がたおれ傷つくことがあっても、なお断じて武器をとらないという宗教的覚悟がなければならない。……われわれが戦火のただ中にも断じて武器をとらず、ひたすら戦争の罪悪性を叫びつつ平和を高唱するならば、たとえ国は焦土と化し、同胞はたおれ傷ついても、戦火の消えた暁には、焼け跡からフェニックスのように蘇ることができるだろう。……実に日本は平和の大義のために国の滅亡を賭すだけの覚悟を持たねばならぬだろう」

清水はこの一文の著者を「誠実な人柄」と高く評しつつも批判する。「第九条に盛られた絶対平和の理想のためなら日本は亡んでもよいと誠実な筆者は言う。しかしそういうものであろうか。何千年の歴史を有し、一億の民族を擁する国家が、そのために亡んでもよいような理想が、本当にどこかに存在するのであろうか」「安全及び平和は一切の〈福祉〉のうち最大のものである。それは他の一切の〈福祉〉の拠って立つ基盤である。……〈普通の国〉としての日本に相応しい国軍の建設は、福祉と矛盾するどころか、すべての福祉の保障である」

こうした主張を示した清水を無節操とする批判がなされたことに対して、商業出版版の後書きで清水は書いている。「私にとっては、核と節操とは一つの問題のような気がする。それが言い過ぎであるなら、両者は連続しているように感じられる」。「私は、節操とは〈自分の経験への忠実〉と考えている。私も知っているが、或る運動の内部にあって、しかも自分の経験に忠実であるというのは、かなり困難なことである。運動の目的の達成のためには、或る程度まで自分の経験に不忠実であること、つまり無節操であることが要求される。忠実であろうとすると、統一を乱し、仲間に迷惑をかけ、目的の達成の邪魔になることがある。その苦しさというか、煩わしさというか、それが、私が運動から足を洗う原因の一つでもあった。……それから二十年、私は自分の経験への忠実を守って生きてきた」。

『日本よ国家たれ――核の選択』は、まさにそうした経験に忠実であろうとした産物だと清水は主張する。それは自分が節操を守り通したということの証しなのだと。「二〇年間、私は、一歩一歩、証拠を残しながら生きて来た。〈節操〉とか、〈無節操〉とかいうのは、人間が一生に一度か二度しか使えない重たい言葉である。私の残した証拠は何巻かの書物になっていて、いつでも入手出来る。この何巻かを通読してから、使いたいなら、重たい言葉を使うがよい」

「転向」の底流

確かに彼が残した「証拠」を読み返すと、その足取りは巷間語られているよりは一貫しているようにも思える。しかし、それは「だから問題がない」ということを意味しない。むしろ「だからこそ問題がそこに潜んでいる」のだ――。

清水は戦後の二〇年どころか、実は戦前からも一貫して一つの立場を取っていた。松浦の言う第二期、つまりマルクス主義を放棄して大政翼賛報道体制の中にと転向したと言われる一九四三年、三枝博音編『日本文化の構想と現実』（中央公論社、一九四三年）の第三講として書かれた『新しい国民文化』の中で清水はこう書いている。

「世界は単に諸民族の角逐の場所ではなく、何等かの形式を以て内に諸民族を含む大地域の共同体の併存すべき場所となりつつある。日本を盟主とする大東亜共栄圏もまたかかる共同体の一に外ならぬ。日本はただ一つの国として世界に立つのでなく、具体的にはこの共栄圏の建設者として且つその盟主として世界に立つのである」

時世を感じさせる論調だが、そうした時代性の拘束と割り引いても割り引けぬ要素がある。それは清水が「日本国」の輪郭をかなり強固なものと捉えていることだ。

たとえば戦後に清水はサンフランシスコ条約において全面講和を主張し、六〇年安保においては学生と共にデモに参加するなどリベラル陣営の戦闘的思想家のポジションを取るようになるが、日本国を強く意識している姿勢はそこでも実は一貫している。五五年には「ドレイ根性からの解放」という強烈な副題を持つ本に『日本が私をつくる』（光文社、一九五五年）というタイトルを与えて刊行している。ドレイ根性とはアメリカ従属であり、六〇年安保条約はサンフランシスコ講和条約の不健全な偏りに端を発する。「私自身の正直な気持ちに即してお話しするとなりますと、第一に、安保の問題は過去十年の戦いであったという点に触れないわけにはゆきません」。「安保闘争の〈不幸な主役〉」（『中央公論』六〇年九月号）で清水が書く。「いろいろな機会にっては〈過去十年の安保の戦い〉だったのです。私たちの背後には、一九五一年秋にサン・フラ〈過去一年半の安保の戦い〉という言葉が語られており、それはそれで正しいのですが、私にとンシスコで結ばれた講和条約、この講和条約の附属品のように見えながら、実はこれこそ日米権力の本当の狙いであった安保条約に対する当時からの反対運動の歴史が横たわっているのです」

あの講和条件に反対したのは、それが安保条約と抱き合わせであったゆえだと清水は書く。米軍による日本の軍事基地化ということが予想され、実際にその方向に進みつつあるからこそ、単独講和ではなく全面講和が望まれた。そして単独講和条約成立後も軍事基地反対の流れの中で清水は砂川闘争、内灘闘争と関わってくる。その闘争は日米安保という「重い傘」を取り除こうとするものであった。

こうした視点は後に示される『日本よ国家たれ』の立場、たとえば憲法九条について「アメリカは日本が天皇制を中心に精神的な力を保持していることを知った。統帥権の独立が果たされているからこそ、終戦に当たって軍事力解体も進んだ事情もある。そうであれば日本の根本的弱体化という目的のためには物理的な力を解体させなくてはならない。そこで軍事力放棄の法律を作った」と実は通じあっている。

清水が左翼的に見えたのは、単に平和運動の文脈の中にいたからに過ぎない。清水はつねに「国」に近く「市民」に遠く、「民主主義」から隔たっていた。「この闘争のうちに働いていたのは、戦後の日本の二大価値であった。大筋を摑めば、安保闘争は平和で始まって民主主義で終わったと言える」(「安保闘争一年後の思想」『中央公論』六一年七月号)。

なぜ民主主義で平和運動が終わるのか。当時の状況を、たとえば坂本義和は次のように語っている。「第一には、それまで安保に反対であるにしろ消極的に賛成であるにしろとにかく安保について明確な自主的判断を下していた政治的意識の持主で、このひとびとは二十日を転機におおむね一斉に民主主義を守れという戦線に勢揃いすることができた。ところが第二の層としては、今まで安保について漠然たる印象や不安は持っていたが、安保がどれだけ切実な問題かよく理解していなかったとか、特に理解しようともしていなかったとかいったひとがいる。このひとびとの場合には、ああいう横暴強引な決め方で通さなければならぬ安保というものはよほど大へんなものに違いないという形で、今まで持っていた漠然たる戦争の不安が急に感じられるようになる。そして要するに自分たちの生命とか生活に安全感を与えないものは民主主義的でないという形で、そこからむしろ民主主義というものが出てきていると思います」(『世界』一九六〇年八月号)。

こうした民主主義への指向を清水は否定的に捉える。彼によればそれは「幅広化」に繋がるからだ。「こうして〈安保に反対のものも、安保に賛成のものも〉というスローガンが生まれ、安保への賛否はお預けにして、一緒に民主主義擁護のために戦おうということになりました。何しろ、民主主義といえば、戦後の日本では誰ひとり正面から反対するもののないシンボルなのですから、幅はこれ以上拡げることが不可能なほど広くなりましたし、そのために生まれて初めてデモに参加するというような人も出て来ました」（『安保闘争の〈不幸な主役〉』）。「これは軽く見てよいことではありません。確かに民主主義の発展です。しかし、このように裾野は拡大されましたけど、それは新安保の問題を原理的に棚上げにするという犠牲を払っての成果でありました」（前掲書）。

民主主義の発展と平和運動の終焉

「犠牲」についても清水はこう書く。

「〈安保に反対のものも、安保に賛成のものも〉というのは、〈神を信じたものも、神を信じなかったものも〉とかいうヨーロッパのどこかのスローガンに似ているというので、なかなか好評のようですが、私は外国の事情はよく知りませんけれども、このヨーロッパのスローガンは〈神〉というものが民族の運命をかけた問題として現に火を吹いていた時期のものではありますまい。ほかの問題が猛烈に火を吹いて来たので、〈神〉のことはしばらくお預けにしようというのでしよう。しかし〈安保〉は〈神〉とは違います。〈安保〉そのものが火を吹いている当の問題なんです。そう簡単にお預けに出来る性質のものではありません」（前掲書）。

「新安保の方は固体で、民主主義の方は液体なのです」という形容は具体的な問題を争っていた安保反対の闘争が民主主義擁護の曖昧さのなかに流れてしまったことを示している。

では、どうして闘争は幅広化を辿ったのだろう。そこに「核」の果たした役割は大きいと清水は書く。「やはり、その一つは、一九五四年のビキニ以来、原水爆禁止運動が平和運動の中心に据えられた事実であろう。言うまでもなく、核兵器は人類の脅威である。その殺戮力はブルジョアとプロレタリアとを区別しない。核兵器の効果が超階級的であること、それが民族全体、いや人類全体の存立を危うくするという認識は平和運動の超階級性を強調するという結果を生み出した」。こうした広がり自体が悪いのではない。しかし広がりが曖昧さを導き込む。「平和運動の超階級性の強調は……平和を口にするものであれば、その個人や集団が本気に平和を求めていないと判っている場合でも、また、明らかに戦争の準備から利益を得ていると判るような場合でも、これを味方に抱き込むという方向、かえって、敵か味方か明らかでない個人や集団の方を貴重品扱いするという方向に流れていった」。

これを清水は「原則を貫いた上で幅を広くするのではなく、原則を犠牲にして幅を広くするのである」と言う。そしてその広さが、具体的な運動をむしろ阻害するという逆説を実践してしまう。「過度に幅が広くなった平和運動というのは、絶対安静を要する重態の大男のようなもので、安保改定阻止のために有効と思われる身動き一つしても、それは必ず運動の幅を狭くするという明白な結果を招かずにはいない」。

清水自身は、六〇年安保反対運動でこそ先導役を務めたが、その後の原水爆禁止運動には関わっていない。理由は安保反対運動が「民主主義で終わった」という視点にも通じる。「多少とも運動に参加したことがある人なら、幅広い運動の進め方が半ば伝統的なものになっていたことを知っているであろう。……〈原水爆禁止運動は、原水爆の脅威から人類を解放するという共通の目的のもとに、これに賛同するあらゆる階層の人々を結集する広汎な国民運動として組織し発展させなければならない〉という言葉も、もちろん、この幅広い進め方を確認しているものである。ところが、昨年の大会から今年の大会にかけての発展？　の中で、この幅広主義がポンと捨てられて、幅が狭くなったどころか、組織労働者の二パーセントにも足らぬ微少部分しか、というより、共産党員しか支持しない方向に大会が持って行かれてしまったのである」。

第八回原水爆禁止世界大会が開催された六二年に発表された「平和運動の国籍」（『中央公論』六二年一〇月号）で清水はそう書いている。

幅広化、そこから一転して特定政党勢力による回収——。それを避けるためには初めから幅広化を防ぐ必要があったと清水は考える。「平和は、崇高な目的であるよりは、散文的な手段である。私はそう主張し続けて来た。かつて、われわれは東洋平和のためということを信じて、武器を執って、中国を侵略したのである。実体的な究極的な平和を打ち樹てようとする時、人間は武器を執ることが出来る。平和は、一々の問題を解決する方法である。手段である。機能である。そこにわれわれの中国侵略への反省があり、広島や長崎の教訓がある。平和が大切であればあるほど、これを目的として高く掲げてはいけない。そういう目的としての平和は、それこそ〈帝国主義の死滅した廃墟〉の上にしか、人類の絶滅した静寂の中にしか生まれないであろう」。

この一文は戦前の清水と『日本よ国家たれ』の清水を繋ぐものだと言えよう。ここから核武装を含む日本の再軍備化論までもはやそう遠い距離はない。

その「変節」が激しい非難をもって迎えられたが、清水は実は変わっていない。そしてその一貫性の一つが、国としての日本がはっきりした輪郭をもって他国と対峙するという構図であり、可能ならば他国を牽引できる強さを持つことを望んでいることだ。その目的の実践のために戦前は翼賛的な大東亜共栄圏称揚の主張があり、戦後はサンフランシスコ講和反対、安保反対の姿勢があり、八〇年代には核武装論が生まれる。

そうした姿勢は、清水に唯一のものではない。国としての日本がはっきりした輪郭をもって他国と対峙するという構図を望んだのは江藤淳もそうだ。そして、たとえば核の受容史において、日本への原子力技術導入に大きく寄与した二人にも似た傾向が窺える。

清水がもっとも反米色を強めた六〇年前後の時期に、実は日本の原子力政策も同じくアメリカから距離をとろうとしていた。

五六年春、正力松太郎は英国大使館の晩餐会に招かれ、元イギリス燃料動力相のジェフリー・

ロイドに会っていた。ロイドは正力にイギリスでは経済的にペイする発電用原子炉が既に完成間近だと吹聴した。大いに感化された正力は、そのイギリス製コールダーホール発電炉の開発責任者クリストファー・ヒントン卿を日本に招聘《しょうへい》する。既に正力は初代科学技術庁長官に収まっていたが、経費は国ではなく読売新聞社が負担した。ヒントン卿が提示したコールダーホール炉の値段は付帯設備を入れると三〇〇億円を突破し、当時の外貨不足に悩む日本としては天文学的な数字だったが、正力は「幾ら値段が高くてもペイするなら安い」と言い放った。ただし正力はヒントンの言葉を鵜呑みにせず、日本から訪問団を訪英させて視察もさせている。一行は五六年一〇月三〇日にコールダーホールに到着。訪問団に加わっていた柴田秀利は『戦後マスコミ回遊記』の中にその時、ヒントンが晩餐会で述べた言葉を感動と共に書き留めている。

「皆さん、いまここに輝いている電燈は、隣のコールダーホール発電所で発電された世界初の原子力によるものであります」

この訪問を契機にイギリス炉導入のシナリオが具体化してゆく。これは日本の原子力平和利用がアメリカとの関係において緒についたことを思えば興味深い。時に親米、時に嫌米と移る立場の一見した不安定さは清水につうじるものだが、正力や柴田にとっても対米従属は手段でしかなかった。柴田は戦後の復興を担うエネルギー資源の確保を求め、正力は政治家として依って立つべき空前絶後の政策を原子力推進に求めていた。その目的が叶えば実はアメリカでもイギリスでも相手は構わなかったのだ。そうした立ち位置は清水にも通じる。

自由主義のパラドックス

話を元に戻そう。民主主義への距離感については「民主主義を守ること」を高く掲げようとした坂本義和も『相対化の時代』（岩波書店、一九九七年）の中でこんなことを書いている。「すべての人間が主権者としての力をもつということは、人民全体の力が、歴史上空前の強さを獲得するに至ったことを意味する。しかし、無数の決定者がいるということは、一人の人間の比重が著しく軽くなったことをも意味しうる。そこに、民主主義の普遍化のゆえに、一人一人の個人の無力感がかえって深まる、という逆説が生まれる。……市民の側に〈いったい自分に何が出来るのか〉という無力感が深まり、結局現状変革の力の拡散に導くおそれがある」。

この認識は、かつて清水が用いた幅広主義という概念と通じる。そして坂本は、次のような指摘もする。「〈民主主義〉は〈人民の自決権〉を正当化し、それと同時に〈民族の自決権〉を活性化させている」（同）。自由な決定権を強調する民主主義は、ナショナリズムの温床にもなりうる。「新しい民主主義的な人民の平等な権利の主張と、古い非合理的な排他的民族意識の復権とが複雑多様にからみあっていることが多いから、それを一括して議論することは、生産的ではないだろう」（同）「民主主義の普遍化としての民族自決権の確立が、民主主義の普遍化と矛盾する危険をはらんでいること、ここに、現代の民主主義の一つの逆説がある」（同）と認めている。

冷戦構造の終結後、抗争は得てして民族主義によって起きるように見える。こうした民族主義的な熱狂が他民族の粛清、民族浄化にまで至るケースは極端だが、「市場が基本的に競争に立脚していればいるほど、その競争が露骨な弱肉強食の抗争になるのを防ぐためには『夜警国家』であるにせよ、警察機能を持つ国家の存在と、それによる秩序維持に依存しなければならない」(坂本「近代化としての核時代」『核と人間』1、岩波書店、一九九九年所収)と坂本は考える。

そう考える坂本は『日本よ国家たれ――核の選択』の清水の立場と実は近い位置にある。個々人が完全な自由を獲得するとき、自由の基盤を破壊する自由すら認められるという自由主義のパラドックスが指摘される。それを乗り越えるものとして、坂本も警察装置の必要性を無視できなかった。しかし警察力を備える主体の在り方が異なる。坂本は警察機構として市民社会によって作られた自律したPKO組織の確立を求める。それは国家の軍事力とは別の組織として構想されている。当然、そこで使用される兵器は殺傷能力において小さい。「戦闘目的ではないから、この場合携行を認められるのは、最小限の自衛に必要な武器に限られる。何が自衛用だけの武器かは、ある程度までは武器の性質から決まる。たとえば、遠距離攻撃ができるミサイルなどは当然に除かれる」(『相対化の時代』)。もちろん核のような決定的な兵器も排除されるだろう。坂本の立場はロバート・ノージックの最小国家論(『アナーキー・国家・ユートピア』嶋津格訳、木鐸社、一九九二年)を彷彿させる。それは私的所有権の保持を可能とする最低限の警察権のみを国家に付与するという考え方だ。ノージックの場合、国家という言葉を使っているが、『アナーキー・国家・ユートピア』の「最小国家」は異なる価値観を有する共同体間の利害を調整する政治装置という性格が強い。そう考えるとそれは現在の国家共同体間の利害調整装置にも近くなり、坂本のPKO的な警察組織と似たものとなる。

その点、清水と考え方は異なる。清水は相互抑止を前提とし「脆弱さは誘惑者だ」というキッシンジャーの考えを踏まえ、国家が軍事力を持たないからこそ、他の国家につけ込まれるとし、そうならないために想定される軍事力の中に「核の選択」までを含めた。この違いは国家観に起因するのだろう。清水はウェーバーの「国家とは、或る特定の地域の内部で正当な物理的暴力性の独占を要求する人間共同体である」という定義を引く。清水は日本の戦後がウェーバー的な国家でなくなることで始まったことを認める。「第九条が、やがて、戦後思想の最も重要な基本文書になった。戦後思想は、日本が国家でないという告白から始まった」と清水は書く。これは江藤と共通する視点だ。そして「内外の難局を乗り切って、経済成長が続いた結果、日本は〈経済大国〉という名の〈社会〉になった」。こうして「国家」がなくなり、「社会」になった。清水はそう記す。しかし経済によって繋がる「社会」は力によって守られなければならない。そこで再び「国家」が要請される。

こうした考えを確固たるものにしたのは、おそらく七五年の南北アメリカ大陸の旅の途上ではなかったか。清水のその旅行に同行した学習院時代の教え子である松本晃は、清水が旅先の日本人相手に力説していた内容を聞いていた。そしてそれが八〇年四月に新聞への寄稿（『東京新聞』八〇年四月七日。時評「櫻の咲く頃」）として文字にされたのを見る。「日本では〈国家〉が罪あるもののごとく、その姿を隠してきたが、忠誠のエネルギーは豊富に存在し、それを企業が吸収することによって、今日の『経済大国』が生まれた。しかし、日本を包む周囲の状況は一度は姿を消した〈国家〉が再び堂々と姿を現して、忠誠のエネルギーを吸収することを命じているように思う。この命令に従わなければ、〈経済大国〉そのものが、企業そのものが、自由で独立な存在そのものが危うくなる」。

松本がこの記事のもとになる考え方を旅行中に清水が育んだと考える理由は、旅の途中で出会った日本企業の支店長達が異口同音に「不測の事態が起きたとき、国家としての日本は、海外に生活する日本人とその家族、また企業そのものの安全と利益を守ることができるのか非常に心配であり、不安でもある」と告げ、それに清水が熱心に耳を傾けていた姿を目撃しているからだった（松本『清水幾太郎の「二〇世紀検証の旅」』日本経済新聞社、二〇〇〇年）。

経済大国の世界的な活動に見合う安全保障装置は、それなりの「大きさ」が必要とされる。核まで含むかは別としても、たとえば在外邦人の身の安全を国家が確保するためには、国境を越えて行動できる軍隊、軍事力が必要となる。具体的に在外邦人が危険に晒されるような状況がある時に、その国の治安維持能力には期待できず、何かあってから調停に乗り出す坂本が言うようなPKO活動任せでは、犠牲者の発生自体を防げない不安がある。坂本もそうだが、国家を越えた治安維持力に期待するのは、それでうまく行った実績も乏しく「机上の空論」的な印象が否めない。日本国の憲法前文がまさにそうした国際的な秩序維持力への期待の産物だが、「平和を愛する諸国民の公正と信義に信頼して、われらの安全と生存を保持しようと決意した」という文面に対して国際政治学者の高坂正堯《こうさかまさたか》が「諸国民の公正と信義を信頼して」の部分には「ちょっとだけ」と挿入すべきだと揶揄したような批判は根強い。

だから実際に海外に赴任して治安の問題に直面しているような人はもちろん、海外の国の脅威に危機感を感じている人ほど、清水の主張するように、国は国民の安全を守るための力を持つべきだという立場に共鳴しがちな事情は理解できる。

弱さを否定する弱さ

しかし、こうした清水の立場に対してより根源的な不信も投げかけられよう。それは、そうした力を持った国家は本当に国民を守るのだろうか、ということだ。

清水はひとつの事実を認めるべきだった。R・J・ランメルの調査（R. J. Rummel, *Death By Government*. New Brunswick and London, 1997）によれば国家は二〇世紀に一億三四七五万人の自国民を殺している。それは他国民を殺した六七八〇万人を凌駕する数になる。万人のための万人による戦争状態を制圧し、平和に至らしめるために警察、制裁の権力や軍事力といった暴力を国民生活の安定のために正当に用いる国家を作るべきだとホッブスは述べた。このホッブスの国家観こそ近代国家を生み出す原動力となった。しかし実際には近代国家は万人による万人のための戦争状態こそおおよそ終結させ得たが、国家による暴力を防ぐことが出来ていない。
　本書冒頭でも引いたダグラス・ラミスはこう書いている。
「ユートピア的な理想主義を捨て、政治的現実主義の立場をとってみよう。我々の多くは、自分たちが非業の死から守られるか否かと問うようになると、うまくゆくような戦略を採用したがるだろう。よろしい。現実主義者になってみよう。現実主義者になるにはまず現実を見る必要がある。この場合、歴史的記録こそが関連した現実である。歴史的記録は我々に何を教えてくれるのか。我々は正当な暴力行使権――殺人許可証を国家に付与することによって、人類史上最強の大量虐殺者を創造した、ということである。これまでそのような記録を残してきたこの殺人機械が、将来我々を守ってくれると期待できる――こういった想像が現実主義と呼ばれるのだろうか。これは夢見がちなロマン主義（国家―ロマン主義）の最高形態ではないか」（「暴力国家」――『憲法と戦争』晶文社、二〇〇〇年）
　清水も「国家が国民を守らない可能性」を図らずも自ら示してしまったことがある。やはり松本を伴っての旅で、いわゆるカーネーション革命後のポルトガルを訪れたが、折しも政情不安で二人は危険な状態に置かれる。そこで無理をして予定を早めて出国しようとして、駐ポ大使の世話になる。大使との会話で清水は日本赤軍のクアラルンプール事件に話題が及んだ時に「少し乱暴な表現が許されるならば、人質の一人や二人を犠牲にしても、国家の利益、法律、名誉を守らねばならないときもあるでしょう」と述べた。一人や二人の犠牲が、しかし、一万人や二万人にならない保証はない。そこが清水が代表するような考え方の怖さである。坂本の立場は、それで実際に死んで行く人を守れるのかと疑わせる戦後民主主義的論者に共通する弱さを感じさせるが、清水の立場は逆に民衆を守るための国家が民衆を殺す逆説の可能性を排除できない。

そうした暴走を防ぐために必要なのは、生身の人間の痛みを忘れないことではないか。

先の清水とポルトガル大使の会話は興味深い方向に向かっている。大使は自分自身がサンパウロ領事館勤務時代に人質になった経験があり、「実際に人質になった人間の立場で言えば、人類や民族や国家のために生命を犠牲にしろと言われても、ちょっと困る」と述べたという。それに対して清水はあっけないほど簡単に自説を曲げる。「そうでしたか、いや大変失礼しました。勝手なことばかり言いまして」と恐縮して詫びたという（『清水幾太郎の「二〇世紀検証の旅」』）。これなどは清水の心根の深い部分が無防備に現れたエピソードだとは言えるだろう。国を守るためには市民の犠牲もやむをえないと清水は言うが、実際の犠牲者の声を前にすると、訂正し謝るような弱さを彼は持っていた。

清水のこの弱さを批判するつもりはない。いやむしろ、この弱さこそが実は貴重なのだと思う。清水が大きな振幅で揺れて見えるのも、実はその弱さのせいなのだ。海外に出て不安を感じている同胞に心情的に共鳴する優しさ、彼らを見殺しに出来ない弱さを清水は持っている。清水の仕事を通して読むと、奇麗ごとに終始して結局は弱者を助けられない凡百の「戦後民主主義者」よりも彼の方がよほど心優しく、他人の痛みを我が事のように感じてしまう、実に人間臭い人物であることが分かる。その人間臭さの中に弱さも含まれる。海外同胞を守れずにいる「日本国」に檄を飛ばしてしまうのも、ポルトガル大使に謝るのも同じ弱さに起因しているのだ。そんな清水だからこそ、一人の人間の痛みを中心に踏まえて一人の生命より共同体が生き延びればよしとする方向に逸脱させずに警察力の議論を組み立てられれば、弱い立場の個人を守りつつ、国民を殺すことに至らない国家像を構想することが出来たのではないか。

言ってみれば、清水は「ぬた」が食べられなくなった個人的なうらみを忘れるべきではなかった。その上に議論を積み上げるべきだったのだ。個をあくまでも中心に据えて、議論すること。原水禁運動も、「ぬた」が食べられない個人的なうらみの上で正しく展開されれば幅広化を遂げつつも、特定政党にイデオロギー的に回収されることはなかっただろう。ぬたは現実であり、イデオロギーは抽象だ。そして「ぬた」の先に位置づけられていれば、核の問題もまったく違う視点で語られていただろう。ぬたが食べられなくなるような不慮の事態を招かない科学技術の利用法としておのずと制限が設けられていたはずだ。

しかし清水はそうしなかった。清水は戦前から一貫して弱さの上に議論を組み立てようとはせず、むしろ弱さを否定しようと焦り、時として妙なマッチョイズムにまで行き過ぎる。彼の場合、変節よりもむしろそうした身構えから柔軟に逸脱できない、硬直した一貫性が問題だったのではないか。

清水が核武装論を提起した五年後、ニューヨークのプラザホテルで円高を容認するいわゆるプラザ合意がなされ、日本はバブル経済への道を歩み始めることになる。

一九八六年論　高木仁三郎──科学の論理と運動の論理

「苦よもぎ」が落ちる日

原子力は「よもぎ」に縁がある。

一九八六年、東京大学アイソトープ総合センターの小泉好延は、日本全国からよもぎの試料提供を受けて、元素種別に放射能検出量を測定した。

採取月日は五月一一日から二七日。たとえば埼玉県採取試料からは五月一一日で六一三〇ピコキュリー（ヨモギの乾燥前質量でのキログラム当たり）のヨウ素131が検出された。これは正常量をかなり上回るという。二三日には二〇八一ピコキュリーに減った（これでもまだかなり多いが──。データは室田武『原子力の経済学』日本評論社から）。ヨウ素131は半減期八日の放射性物質だから、これは五月一一日の少し前にそれを元素として生成し、大気圏に放出した何かがあったことを物語る。

事実、「何か」はあったのだ。日本から約八千キロメートル離れたソ連邦はチェルノブイリの地で。チェルノブイリとはウクライナ語で「苦よもぎ」の意味だとされる。そしてこの「苦よもぎ」は『ヨハネの黙示録』と結びつく。

第三の御使が、ラッパを吹き鳴らした。すると、たいまつのように燃えている大きな星が、空から落ちてきた。そしてそれは、川の水源の上に落ちた。この星の名は「苦よもぎ」と言い、水の三分の一が「苦よもぎ」のように苦くなった。水が苦くなったので、そのため多くの人が死んだ。

この記述がチェルノブイリの事故を示唆しているという解釈（や事故との不思議な響き合いを見る解釈）は、ノストラダムスの大予言を信奉するような黙示論者から、この章の主人公である高木仁三郎まで、広く採用されている。

先に挙げた調査で小泉がよもぎを試料に使ったのは、五月に活発に生長するからだった。成長の激しい細胞は新陳代謝が盛んで、結果として多くの放射性物質を細胞内部に取り込んでしまう。その意味で放射化したよもぎは、すべての生物の体内で激しく成長している細胞、たとえば毛髪や性腺細胞の置かれた状況を近似的に示している。

よもぎが放射化した＝苦くなったことは、かなりの汚染が広範にありえたと真摯に受け止めるべきだろう。それくらいの汚染力を、すべての原子力発電所は潜在力として持っているのだ。その事実はスイシン派がいかに原発を擁護しようとしても否定できるものではない。

ただ、そうした重大事故が起きるかどうかはまた別の話である。チェルノブイリをヨハネ黙示録の「苦よもぎ」と読み替え、その事故後も黙示録にあるような大災害が立て続けに起こり、破局に至ると悲観した人たちは、その後、何も起こらないことにいつしか予言を語ることをやめてしまった。ノストラダムスの大予言も九九年七の月が無事に過ぎてしまうともはや笑い種である。

しかし、起こったら大騒ぎし、起こらなかったら危機を忘れる、そんな姿勢では、いつまで経っても事故というものに科学的なアプローチを行うことは不可能だろう。事故論という領域をしっかりと立ち上げる必要があるのだ。

事故の発生を確率論で語る方法がある。たとえばスペースシャトルの事故率は一〇万回の打ち上げで一回だとか。原発の安全性もそうした文脈で語られることが多い。有名なのが七五年にMIT（マサチューセッツ工科大学）の研究者によって発表されたラスムッセン報告（WASH－1400）で原発事故の確率論的評価をし、メルトダウンといった大事故が起きる可能性は一〇のマイナス五乗から六乗の確率だとされ、「ヤンキースタジアムに隕石が落ちるようなもの」という比喩的表現を人口に膾炙させた。

ところがこの報告が出てまだ日も浅い頃にスリーマイル島の原発事故が起こってしまい、確率論と余りにもかけ離れた状況に多くの人が唖然とした。見直しを求められたアメリカ原子力規制委員会は、今度はオークリッジ国立研究所に委託し、より精度の高い確率計算を求める。それによると大事故が起きる確率は四〇〇〇炉年（——一つの原子炉を一年運転するのが一炉年）に一度と修正された。これは世界で約四〇〇基の原発が運転中であることを考えると一〇年に一度の重大事故が起きることになる。

ヤンキースタジアムに一度も降ったことがなかった隕石の喩えからすると相当現実味を帯びて危機が感じられる報告となったが、それでも甘かった。実際にはスリーマイル島の事故から一〇年を待たず七年後にチェルノブイリ事故が起きる。これをうけてワールドウォッチ研究所のC・フラビンは、オークリッジ国立研究所の予想を更に下方修正し、事故は二〇〇〇炉年に一度程度起きるという説を出した。事実、原子炉が運転を始めてからスリーマイル島事故までが約一九〇〇炉年、次いでチェルノブイリ事故までは約二一〇〇炉年後に起きている。フラビンの説はそこまではうまく現実と歩調を合わせてきた。

しかしその後はあまり芳しくない。もちろん事故は続いており、たとえば東海村の臨界事故は住民への中性子線被曝という重大な結果に至ったが、ここまで至るにはチェルノブイリから四〇〇〇炉年ぐらいかかっている。となると、二〇〇〇炉年に一度という考え方も、最初の二度だけ偶然に合致したと言いがかりをつけられる可能性を払拭できないのだ。

もちろんハンタイ派の予想を覆して事故が長い間起きていないとしても、それが起き得ることは重視すべきだ。というのも原子力発電所は、科学の粋を尽くした多重防護の発想で作られているはずで、たとえばスペースシャトルが一〇のマイナス九乗の確率でしか事故を起こさないと計算されたのと同じように、あるいはそれ以上に原発事故は起きないはずだったのだ。個々のパーツが極めて低い確率でしか故障しない。そしてそれらが同時に故障しなければ事故が起きないようにフェイルセイフ、フールプルーフの考え方で装置は作られている、はずだった。

ところが現実の原発では、そうした多重防護があっけなく破られてしまう。二〇〇〇炉年に一度の事故かどうかは実際にわからないが、少なくとも電力会社のいう多重防護に基づいて確率論的な計算をすればスリーマイル島もチェルノブイリの事故もそもそもなかったはずだし、あったとしてもあれほど酷い事故になるはずはなかった。なぜ多重防護は破られてしまうのか。

なぜ事故は起きるのか

高木仁三郎『巨大事故の時代』（弘文堂、一九八九年）は、そうした多重防護がなぜあっさりと破綻するかを検討した内容だ。高木は事故を重畳型、共倒れ型、将棋倒し型の三種類に分類する。

重畳型とは「単独ではそう深刻ではないはずの故障やミスが〈偶然に〉重なり合って大事故を生み出すケースである」とされる。高木が挙げる例は、インドの首都ニューデリーの南二〇〇キロメートルにあるボパールで発生した農薬工場の爆発事故だ。その工場ではコークスと塩素を反応させてホスゲンを作り、そこから更にＭＩＣ（イソシアン酸メチル）という物質を生産していたのだが、貯蔵タンクと反応槽を繋ぐパイプを清掃中に遮断シートを使うのを忘れた結果、水分がホスゲンないしMICと反応、大量のガスを発生させてタンクの内圧が上昇し、爆発に至った。結果として二五〇〇人が死亡したといわれる。

この事故でも「何十個の安全装置が少しでも働いていたら、事故の深刻さはかなり軽減され、せめて二つぐらいが性能通りに働いていたら大事故にはならなかった」と高木は考える。そこではひとつひとつの出来事（洗浄作業のミス、メーターの無視、生ガス焼却装置の欠陥、タンク操作のミスなど）は独立した事象で、偶然重なり合った。そんな重なり合いはそれこそ一〇万回に一回のことのはずなのに、それが起きてしまった。これが重畳型の事故だ。

しかし、ほんとうに一〇万回に一回のことがまったく偶然に起こったのかといえば、そうではない。「このような重なり合いが起こる背景には、必ず日常的な安全管理の甘さ――保守点検の手ぬきや行政側の検査のずさんさ、運転員の質の低下、そして何より品質管理の甘さ――が存在するのである」と高木は書く。そして、そうした条件下ではひとつひとつの事象が起きる確率が、実際には一〇のマイナス何乗というほど小さなものではなくなっているのだから「重なり合いが起こっても不思議ではない」と高木は考える。これが重畳型事故が確率論以上に発生する事情だ。

では、共倒れ型とはどういう事故か。高木が引くのは七五年に発生したアメリカのブラウンズフェリー一号炉の事故だ。原子炉建屋の中の空気の流れを調べようとして使ったたった一本のろうそくの火が原因となって火災が発生、ケーブルが燃えてしまい、制御装置と安全装置を同時に使用不能状態にした。このように共通の要因が引き金となって、多重防護装置が共倒れになってしまうと、それぞれの故障の確率は少なく、それが同時に起きる確率は更に小さいものになる「かけ合わせ確率論」は成立しなくなる。「共倒れ事故を考慮すると一般に諸工学システムの事故率は一〇万回に一回よりもはるかに大きくなると考えられる」と高木は書いている。

そして最後のひとつが将棋倒し型だ。チェルノブイリは、まさにこの将棋倒し型の事故だったと高木は考える。チェルノブイリ原発が建設時に不手際があった欠陥原発だったことは事前にある女性ジャーナリストが指摘しており、事故後になってその記事の指摘が的中したとして世界的に有名になった。ただそれは結果論であって、それまでのチェルノブイリ原発は事故を起こさず運転されてきており、むしろ優秀な炉として評価されてもいたため、停電時にディーゼル発電機が立ち上がるまでの間、タービンの慣性回転を利用して発電し、緊急炉心冷却系に電力を供給する実験の対象として選ばれる。

八六年四月二五日、夜の一一時になって出力降下作業に着手され始める。これは実は二度目のトライであり、最初はその半日前に行われ、出力を低下させ始めた運転員は、同時に緊急炉心冷却装置ＥＣＣＳの信号回路を切っていた。回路が生きていると実験中、炉心の水位が下がった場合に、ＥＣＣＳが作動し、注水が行われてしまう可能性があったためで、これは予定された作業だった。

ところが、その後に予定外のことが起きた。出力を更に下げようとした時、キエフから指示があり、電力需給の関係で五〇％の出力での運転を維持しろと言う。その段階で実験は半日おあずけになってしまった。

その後交替した運転員が実験を再開させる。ところが、直後に出力が一気に三万キロワットに落ちてしまった。あわてた運転員は出力を回復させるべく悪戦苦闘し、なんとか二〇万キロワットまで戻したものの原子炉は極めて不安定な状態になる。かろうじてなだめつつ出力を維持したが、その時点で制御棒を引き抜きすぎていた。

そして運転員はタービン停止に伴って原子炉を緊急停止させる信号も切ってしまった。これは規則違反に当たるが、最初の実験がうまくゆかなかった時にもう一度やり直せる状態を維持したかったからだと考えられている。

翌午前一時二三分〇四秒。実験のために緊急閉鎖弁が閉じられ、以後、タービンは慣性で回転し続けるが当然、その回転数は減り始め、タービン発電機に繋がれていた循環ポンプの能力も低下する。その結果、炉心を流れる水の量が減り、冷却水温度が上がり始め、内部の水泡を増加させた。チェルノブイリのＲＢＭＫ型と呼ばれる炉は、低出力中に水泡が増えると出力が増加する。

かくして暴走が始まる。緊急停止を行う回路は切られており、制御棒を抜かれた状態で、暴走を止める術はもはやなかった。原子炉は同四三秒から四四秒までのたった一秒の間に三億二千万キロワットまで出力を増加させ（フルパワー運転の一〇〇倍、二〇万キロワットだった実験時の出力の一六〇〇倍）、燃料ウランは内部から粉々に砕け、高熱の酸化ウランが冷却水と接触し、蒸気爆発を起こして原子炉建屋の上部を吹き飛ばした。破壊された原子炉は内部にたまっていた放射性物質を大気中に放出し、それは遠く日本の空にも降り注いだ。

このように多くの要因が、次々に連鎖して大きな事故を起こした。「チェルノブイリの事故を、事故論として総括すると〈ひとつひとつが信じられないような規則違反が重なり合うというもっとも信じられないことが起こった〉ということではなく、〈ひとつひとつでは起こりにくいようなでき事や規則違反が連なってかえって起こりやすくなった〉ということなのだ」と高木は書く。こうした事故の起こり方を高木は将棋倒し型と分類する。

なぜこうした将棋倒し型の事故が起きるのか。高木はエール大学の社会学者チャールズ・ペロウのノーマルアクシデントという概念を引いてそれを説明する。

ペロウがまず注目するのは相互作用だ。現代のシステムは巧妙に高度の機能が組み込まれているだけに、複雑な相互作用を起こす。たとえば軽水炉の冷却水は冷却を行うだけではなく、核反応を制御するなど複雑な機能をもたされている。まさに微妙なバランスで原発は運転されているのであり、そういうシステムは将棋倒しを起こしやすいと高木は考える。確かにチェルノブイリでは運転員が実験のためによかれと思って行ったことが、状況が変わると原子炉の暴走を導く結果になっている。原発の場合、機能が複雑に関係づけられているので、一つの操作がバランスを崩しただけでも予想を超える大きな事故を導いてしまうのだ。

そしてもう一つ注目すべきものは「緊密性」だ。たとえば自転車のハンドルには遊びがあり僅かな手のブレなどで大きく進路を変え、転んでしまうようなことを防いでいる。そこに細いタイヤのグリップ力の弱さも手伝って、ハンドルをすこしぐらい切っても進路を変えないで自転車は走ってゆく。そんな自転車の操縦系は「緊密」ではない。ところが高度な技術を使っている装置は、そうした遊びがなくなっている。たとえば原発で制御棒を誤って引き抜ける余裕は僅かに一本だけだと言われる。

そうした緊密なシステムで何か不具合が生じると、すぐに大きなトラブルに繋がってしまう。それは機構的な部分だけでなく、運転員、操作員に関しても同じ事情があり、志気が落ちて僅かでもいい加減な操作を行えば、大きな問題を発生する。もちろんフールプルーフ、フェイルセイフと呼ばれる二重三重の安全設計がなされてはいる。しかし、それが同時に破綻することがあるのは先の共倒れ型事故のところで説明した通りだ。

このような構図があって、巨大事故は、確率論で言われているよりも多く起き得るというのが高木の考え方だ。こうしてあまり検討されてこなかった事故論の領域に踏み込んだ姿勢は高く評価できる。巨大事故が確率以上に起きるとしたら、確かに高木の分析したとおりの図式に則っているのだろう。

ただ、たとえばマイナスの側の重畳だけでなく、プラスの重畳もありえよう。事故が起きたから、志を新たにするとかはありえそうだ。ヒューマンファクターとはそうした動きをもたらす可能性がある。飛行機事故が何度か続くというのは、高木がいう志気の低下が蓄積した結果だろうが、その後はまた無事故の時期が続くようになる。それが心を入れ替えて整備や運航に注意するようになるという事情も影響しているのではないか。チェルノブイリ以後、原子力関係の大事故が起きる間隔が延びたのも、そうした事情によっていたのかもしれない。そうした要素まで踏み込んで論じないと、やはり一方的だろう。反原発運動は事故がいかに起こりやすいかを強調するために、ネガティブなファクターを強調するが、同じ論理がむしろ事故を起こさなくするうえでポジティブにも機能するのだとしたら、それはやはり視野に入れるべきだろう。

そして反原発運動の高まりが、かえって事故を招くこともある。たとえば原発の運転員の志気を落とすのは、慣れだけではない。周囲からその仕事の重要性が認められなくなること、更には「汚れた職業」だと蔑視されるようになれば、彼らは間違いなく落胆する。就職希望者も減り、優秀な人材を採用できなくなる。そうなった時、むしろ反原発運動の高まりが原発事故を導く要因になるという皮肉な結果になる。

そうした複雑な構図まで含めて事故論は論じられるべきだ。確率論を信じない高木の疑い深さは正当だが、そこからさらに踏み込む方向が、原発の危険性を一方的に訴えることに尽きるのは、反原発がやはり「運動の論理」に束縛されているからのように思う。本当に事故を防ぎたければ、運動に突進しようとする拙速さを控えてヒューマンファクターまで相手取った総合的な制御の技術を確立して行くべきだろう。

科学の論理と運動の論理

たとえば高木はその後、九六年七月一二日に第七回原子力円卓会議に参加し、こう述べている。「日常世界のエネルギーは化学結合から生まれる。私たちの住んでいる世界は原子核の安定の上に存在しているが、核エネルギーは原子核の安定性を強いて破壊しており人間世界にとって非和解的である」。

これは厳密に言うとおかしい。ホイットニーが原子力的日光を口にした時にその知識がいかに共有されていたかは疑問だが、地上に光と熱をそそいでいる太陽はまさに巨大な核融合炉であることは今や多くが知っている。地球上でもアフリカのオクロで周囲より放射線レベルの高い場所があって調べてみると過去に自然状態で連鎖反応が維持され、原子炉となっていたらしいことが発見されている。もちろん、この自然原子炉を例に引いて原発の正統性を主張したり、オクロ原子炉跡が長く岩盤の中に閉じ込められていたことをもって、核廃棄物の地層処分の際の安全性を強弁しようとするスイシン派の御都合主義もどうかとは思うが、それらは少なくとも評価の揺れる先端科学の対象というよりも、事実関係の確定した事柄であり、それを無視して核エネルギーが自然の摂理に反するかのようにいうのは間違いだ。それは科学的な言説ではなく、反原発運動の正当性を訴えるための運動の言説になっている。

いつしか科学ではなく運動の言語を語るようになっていた、こうした高木の軌跡は、しかし、早計に批判され、切り捨てられるべきではないだろう。高木はいかなる筋道を通って運動の言説を語るようになったのか。

ここでは高木が早い時期から宮沢賢治に傾倒していたという事実に注目したい。「私を方向づけたものに、もうひとつ宮沢賢治との出会いがあった。文学少年だった頃には、賢治を読んだときに、『銀河鉄道の夜』にせよ、『風の又三郎』にせよ、他の文学作品に比べて特別の感慨はなかった。なによりも「雨ニモ負ケズ」の冒頭部分にストイックな道徳主義を感じて、賢治の世界にそれ以上入って行けなかったというのが正直なところだ。ところが、都立大学で独文学者の菅谷規矩雄と知り合いになり、彼から勧められて、改めて賢治を読むようになって驚いた」（『市民科学者として生きる』岩波書店、一九九九年）。

特に高木を仰天させたのは次の一句だったという。

「われわれはどんな方法でわれわれに必要な科学をわれわれのものに出来るか」

これは賢治が花巻農学校の教職を辞して一九二六年に始めた羅須地人協会の集会案内に出てくる言葉である。この言葉との出会いで、高木は賢治に開眼し、他の著作にも目を通すようになった。

そして『農民芸術概論綱要』の次の言葉に打たれたという。「いまやわれらは新たに正しき道を行き、われらの美を創らねばならぬ。職業芸術家は一度滅びねばならぬ。誰人もみな芸術家たる感受をなせ」。高木はこう書いている。「私はこれらの文章の芸術を科学に、職業芸術家を職業科学者に、美を真におきかえて、わがことのように読んだ」。そして「われわれはいかに科学をわれわれのものに出来るか」という賢治の疑問を自分のことと捉え返した高木は「大学や企業のシステムのひきずる利害性を離れ、市民の中に入り込んで、エスタブリッシュから独立した一市民として〈自前の科学〉をする」ことに踏み出したのだという。それが都立大学を辞して野に下った時の、高木自身の説明だ。賢治との出会いはこのように高木が反原発運動を始める大きなきっかけになっている。運動の核になっている高木の「自前の科学」論は賢治にインスパイアされたものだった。

その後の高木の歩みで注目すべきなのは農の立場から成田空港反対闘争に臨んだ前田俊彦との対談をまとめた『森と里の思想』という作品（七つ森書館、一九八六年）だ。

そこで前田がこう語る。「ナス、キュウリ、枝豆、干し柿など、いろんな食べ物を食べる時期についての約束がある。それは自然に対するひとつの作法みたいなものだと思う」

高木が応える。「作法という言葉はよく分かりますね。それは自然の法則性というように対象化されてはいないけれども、長い経験のなかで知ってきたことはいろいろあってね。現代の自然科学が知っているようなことより、よっぽど多くのことがある」

前田「それが道理だ」

高木「それに従うことのなかからおのずから出てくる人間の主体性――もっともよくそういうことに通じることによって、もっとも人間はよく生きることができるわけだし、自由にいろんな行動がとれるわけだし、そういうのが本当の主体性ということですね。その主体性というのは、相手の自然の側の主体性も認めた、おたがいにやりとりできるような主体性であるなら、これまでの一方的な意味での主体性とは違う自由とか主体性というものが、十分にそういう世界において、より高度な次元で発揮し得るということがあるんじゃないかという気がするんですよね」

高木は別の箇所でもこうした考え方を敷衍《ふえん》する。

「物事を理解するという言葉がありますよね。それは、かなり論理的なプロセスなんですよ。……しかし、自然科学でいくら理解をすすめてみても、一向に生きる力にはならないですよね。つまり、生き方を方向づけたり、行動を促したりする方向にはなにもとって返すものがないんですよ。……自然科学はそういう日々の生き方のようなこととは違う、という言い分もありますが、本当はそんなことはない。われわれの生きる宇宙についての、いわばコスモロジーを扱っているわけですからね。深く自然科学にかかわっていたら、心の中になにか自分を宇宙に向けて促すようなものがあって然るべきなんです。しかし自然科学的な理解というのは、どうもそういうことにはならない。やはり理解をするということともっと次元の違う——得心するというのかよくわかりませんけど、それがないと、自分をある行動に促すようなものにならない。それは、やはり論理的なものじゃないのです。それが前田さんの言われる道理の領域だと思うんです」

こうして高木は、前田との対話の中から「論理」ではない「道理」というものを想定し、この二つの概念を隔てる視点を受け継いで行く。

この道理について高木はこう書いている。「理性的なものとはたしかにまったく、無関係ではないんですね」という。「論理的ではないけれど、やっぱり理にかなった部分があるわけです。理にかなった部分と心に訴える部分と重なったようなものとしてあるんだ」。

たとえば反原発運動について、高木は「合理性の強制」という考え方を示してこう語る。

「原発問題をやっていると非常に顕著なことなんですけれども、たとえば、ここに原発を建てるか建てないかというときに、現在政治的な意味をもつような議論の枠組みの中では〈ここに原発がたってもらっては困る〉〈いやだ〉〈反対だ〉〈いらん〉というような議論をどういうふうにやるかっていったら、論理的に、あるいは既存の科学の形式にのっとってこれはだめだといわなくちゃならんということになりますね。……普通に地道に生きている人間にとって、こういうふうに物事を言わなくてはならんというのは、すでにものすごい強制なんですね。本当は〈おれはいやだ〉とか、〈先祖代々の家風に合わん〉とか〈魚が反対している〉とかいろんな反対の理由があるのです。そしてそれはそれでみんな十分な言い分があるんです」

「合理性」が「論理性」の言い換えだとすれば、ここで示される「先祖代々の家風に合わん」とか「魚が反対している」は合理＝論理ではない道理を踏まえたものということになるのだろう。高木は『巨大事故の時代』の中で引くことになるチャールズ・ペロウを、科学的合理性、多数決の合理性だけでなく、社会文化の合理性という第三の概念を唱えた思想家としてここでも引いていた。「物事の固定的な専門家といったものはいないんだ、とペロウはいっています。原発問題の専門家は、原子力の学者だけということではなくて、漁師も市民も、そのそれぞれの専門家である、という意味を含みますけれども。われわれが現実に生きている社会は、そういうものなんだ、とペロウはいっていますが……彼のめざすのは、少数者の意見であれ、それぞれがその人の経験や思想に根ざすならば、十分に尊敬できるようなソフトな社会」であり、その規範となる第三の合理性は「前田さんのいう〈道理〉に近い感じです」という。

この「第三の合理性」、「道理」は長い歴史によって培われた経験知と言い換えることも出来るだろう。確かに経験知の中には、合理的に説明はできないけれどうまく物事の経緯を言い当てているものがある。ある種の理にかなっているのだ。しかしその一方で、明らかに迷信のたぐいや、安心するためのまじないに近いものもそこには含まれている。「説明不能なものを説明するもの」のバリエーションは幅広い。

科学的合理主義が行き過ぎた結果、まだ理論的に証明出来ていないが、物事の本質を衝いているかもしれない経験知まで否定するのは確かに問題だが、一方で科学的思考が迷信の類を否定し、社会を脱魔術化して来た貢献は認めるべきだろう。科学には常に過不足が伴う。先端科学のように歴史的実証が乏しいがゆえに、宗教以上の振幅で「信じられ」、過剰な期待を受けたり、過剰に恐怖される科学もあるが、一方で、実証の蓄積により、宗教に変わって安定した世界観を構築するうえで貢献する科学もある。もっともそうした安定した世界観を作る科学が、ともすると自らの説明し得ないものを非合理性として排除する「痩せた」傾向を持つことにも注意深くありたい。そうした排除傾向は困ったものだが、しかしだからといって第三の合理性や道理という概念が、そうした排除の傾向を非難するだけの単純な科学的合理性批判であっては科学のあり方の複雑性を見落とす結果にもなるだろう。

こうした事情を思う時、高木の科学観は多分にナイーブだ。それが高木の限界なのかどうかはわからない。しかしいずれにせよ、彼がナイーブな科学観を唱えなければならない事情は推し知れる。それは彼が運動家だったからだ。運動のためにシンプルな科学観を提示する必要があった。それが、たとえば「核エネルギーは人間世界と非和解的だ」という断定にも繋がってゆく。科学への懐疑から核エネルギー排除すべしの結論を急ぐのは運動の熱さを維持するために必要なのだろう。

しかし、「道理」を「論理」から隔てることは、科学の複雑な論理をあっさりと捨て、運動の単純な論理を選ぶという二者択一ではなかったはずだ。そもそも運動の論理と、科学の論理がはなから相反するものでもなかったろう。しかし高木は科学の論理を手放し、それとは相容れないかたちで運動の論理に突き進んでいったように思える。

高木は大好きな賢治の作品として『猫の事務所』を挙げる。舞台になる「猫の第六事務所」を原子力資料情報室にたとえ、主人公の「かま猫」は自分に似ているという。確かに猫の第六事務所は問い合わせに対する情報提供サービスをしており、事務所員も六人で最初期の資料情報室として似ているのだという(『宮沢賢治をめぐる冒険』社会思想社、一九九五年)。ところがその事務所は最後にライオンに仕事ぶりをとがめられて「ええい、もうやめてしまえ」と言われて解散させられるに至る。それについて高木はこう語っている。

「このことを僕はいつもわが原子力資料情報室に引き寄せて考えてしまうのです。わが事務所も、それが一部の同調者だけに支えられる自己満足的な作業しかできなかったら、いずれ崩壊する運命にあると思うのです。だから、自己満足にならないような場にいつも自分たちをオープンな場に引っ張り出して検証してゆかなくてはならない」（前掲書）。

賢治と高木は、共にまだ働き盛りの時期に生を断たれたことでそれぞれに育んでいた思想の可能性をオープンな場で検証しながら充分に開花させられなかったのだと思う。そして賢治の弱点を高木も共有してしまったのではないか。たとえば『よだかの星』で賢治は食物連鎖の「業」に触れる。命は他の命を犠牲にしなければ生きられないことを主人公のよだかに語らせる。しかしそこまでしておきながら『よだかの星』の結末はよだかが美しい星として燃えるというもの。食物連鎖という生物の原罪的なものについての論考はそこで放棄される。賢治の作品にはシリアスな問題を提起しつつ、その解決まで考えを深める前に感動的な修辞に至って終わる傾向が強い。所詮は虚構の作品と思えればいいが、なまじそのシリアスなテーマに魅入ってしまうと賢治に「感染」し、読者は感動の中で思考を停止させる癖がつく。

あるいは高木もそうだったのか。オッペンハイマーが「物理学者は罪を知った」と述べたのは人間の「原罪」性を意識した発言だったと思われるが、高木はそこまで人間観察を深めてはいない。電力会社の罪を指摘するが、人間の原罪の深みから科学技術の「業」のようなものを語る地平に至るには時間が足りなかった。それは科学的精神と市民運動が総合されて行く上で、大きな損失だったと思われてならない。

一九九九年論　ＪＣＯ臨界事故——原子力的日光の及ばぬ先の孤独な死

青白い光の向こうに

「てんかんの急病人です。救急車をお願いします」

九九年九月三〇日一〇時四三分、東海村消防署にＪＣＯから一一九番通報が入る。「意識は?」「ありません」「では横向きに寝かせて救急車を待って下さい。嘔吐に気をつけて」。消防署員はてんかんの患者が発生したものと考え、通常の装備で出動した。しかし隊員が三分後に到着した現地は予想を覆す事態を呈していた。ＪＣＯ職員が自転車で事故のあった建物まで誘導するが、見れば工場内のほぼ全員がグラウンドに避難していた。

患者が横たえられていた汚染検査室で応急処置をしようとすると「ここはレベルが高いので、向こうで……」と現場を離れるように促される。建物の外に出たのだが、「ここでもまだ高い」といわれて、更に離れたところで処置をすることになる。

その一〇分前、ＪＣＯ転換試験棟では警報が鳴りひびいていた。それは同棟で大量の放射線が検知されたことを示した。転換試験棟の中では大内久、篠原理人の二人が硝酸ウラニル溶液〔八酸化三ウラン粉末を原発の燃料となる二酸化ウランに「転換」してゆく過程で作られるウラン化合物〕を製造していた。前日に九・六キログラムを製造し、時間切れとなったのでその日はその続きを行う。最後の約六・五リットルを沈澱槽に入れた時、突然、青白い光が一面に広がり、二人はその場に昏倒した。それは沈澱槽の中でウランが臨界に達し、中性子を放出、それが物質の中を移動する時に発生させるチェレンコフ光だった。

隣室にいた横川豊も青白い光を見たと記憶している。それは中性子が壁を貫通し、彼の眼球をも通り抜けた時に発生したチェレンコフ光を横川が「見た」のだろうと考えられている。まさに原子力的日光そのものを彼らは直視したことになる。しかし、それは災厄をもたらす光だった。

被曝事故だと分かると、放射線を浴びた彼らの移送先をどこにするかで混乱が起きた。結果として救急車は一時間近く現場で足止めされる。最初に移送された国立水戸病院では急性放射線症の専門家がいなかったので、ヘリコプターで放射線医学総合研究所附属病院に搬送される。結局、入院できたのは五時間が経過した後だった。

放医研附属病院で重傷の大内、篠原は無菌室に、横川は通常個室に収容された。しかし造血細胞移植が必要になったので大内は東京大学医学部附属病院へ、篠原は同医科学研究所附属病院へと更に移される。

「私はこれからどうなるのでしょうか」。転院のさい、放医研の医師に大内はそう語ったという。一〇月三〇日、彼の身体のリンパ球はゼロになる。以後、大内には人工皮膚移植など最高レベルの治療が施されるが、三ヵ月後の一二月二一日に亡くなる。日本の原子力発電三七年目にして初めての被曝事故による死者だとされた。篠原も東大医科学研究所附属病院で治療を受け、一時は回復の兆しを見せたが、肺炎などを併発し、大内の後を追った。

この事故は日本の原子力発電政策に対して大きな逆風として吹く。しかし、実は反原発運動家もまた事実を真摯に受け止めるべきだろう。このようなかたちで事故が起こり、死者が出ることを反原発運動家たちは果たして予想していたか。もしも予想していたとしたら、どのようなかたちでそれを予想していたかが問われざるをえない。

反原発運動が最初にピークを迎えたのはまさにチェルノブイリ事故に際してであった。この時期に運動を牽引し、メディアの注目を一身に集めて時代の寵児となったのは、前章で引いた高木よりも広瀬隆だった。広瀬は八一年に地方にしか原発が作れない立地指針の裏を突く形で『東京に原発を！　新宿一号炉建設計画』（ＪＩＣＣ出版局）を上梓し、注目を集めていたが、チェルノブイリ事故後に日本の原発こそ「第二のチェルノブイリ」になると警告する『危険な話――チェルノブイリと日本の運命』（新潮社、一九八九年）を刊行。数十万部を売る。しかし広瀬に「明日にでも大事故が起きる」として恐怖心を煽られて広がった反原発運動は、時が経って最初の感情的高揚が鎮まると勢いを失なってゆく。

こうした反原発運動に再び油を注いだのが、九五年に起きた高速増殖原型炉もんじゅのナトリウム漏れ事故だった。事故の原因は二次冷却系パイプの破損で放射線漏れを伴わなかったが、動燃が事故現場を撮影したビデオテープを組織的に隠していたことが明るみに出て大きな社会的問題に発展した。放射線が漏れていないので事故ではなく事象だと強弁しようとした姿勢も不信感を買った。

原発はやはり危険だ、しかも、それは原発そのものの危険性だけでなく、原発を動かしている組織の信頼性の乏しさのせいでもある——、そうした認識が広く共有される。その結果の一つとして、九六年八月四日に新潟県巻町で行われた巻原発の建設の賛否を問う住民投票は反対票が一万二四七八票に及び、賛成の七九〇四票を大きく上回った。

そして動燃事故の二年後の九七年三月、動燃の東海村再処理工場のアスファルト固化処理施設で火災爆発事故が発生。こちらは放射能漏れを伴う事故となる。こちらでも動燃職員の間で口裏を合わせようとする隠蔽工作があったことが後に発覚。メディアは従来スイシン側に近かった紙誌も含めて激しい動燃批判を展開した。その結果、動燃は核燃料サイクル機構と改名、組織改革を経て再出発を余儀なくされている。

とはいえ、この巻町のケースを嚆矢として、一種のブームと化した観のある住民投票にも問題はある。こと原子力エネルギー利用に関しては受益も受苦も地域に限定されるものではない。住民投票によって地元の意志を問うことの重要性は認められるが、過大評価は回避すべきだ。

というと、巻町での勝利を高く評価するハンタイ派から嫌われそうだが、実は住民投票はスイシン派にしても「狙い目」なのだ。巻町での敗北を受けて政府、電力会社が地元の反発の巻き返しに力と財力を投下する傾向は増している。住民投票の評判が高まれば、それに勝てば文句はあるまいとスイシン側も考えるようになる。地域振興策は更に高らかに謳われ、立地地区へのボーナスが様々に与えられる。これでは地域コミュニティ崩壊の恐れすらあるだろう。制度を作る政府が原子力政策に関して「公」として中立の立場を採ることがなく、あくまでもスイシン勢力であるという不公正さは、根源的な問題として本格的に議論されるべきだ。

そして問題は他にもある。現在のハンタイの風はもんじゅ事故による原子力施設への不安から大きく吹いているが、危険施設として意識されるのは目立つものに偏りやすい。反原発が政治的な運動である以上、示威効果の大きさが選ばれて当然で、巨大施設の巨大な危険性に警鐘を鳴らした方が耳目は集めやすい。

しかし被曝などの危険は実は施設の大小を問わずに遍在している。巨大施設にだけ注目が集まり、電力会社や科学技術庁なども そこで事故が起きたらたいへんだと予算をじゃぶじゃぶと注いで守備を鉄壁のものにしようとする。しかし、そのしわ寄せが小さな施設に出て、そこは予算配分も乏しくなり、注がれる注意力もおろそかになる。その結果、大きな施設を仮想敵とする反原発運動がかえって小さな施設の緩みを招いて、そこで犠牲者を出してしまう逆説が生じかねない。それが――、ＪＣＯの事故だった。

「弱者」の悲劇

なぜJCOで事故が起きたか。まずそこに構造的な問題を見るべきである。JCOはリストラを続ける会社だった。再転換を高コストの「湿式」と呼ばれる工程で行っていた不利があったし、円高と国際的な価格競争によって業績を悪化させていた。最盛期に一八〇人いた社員は九一年には一六二人に、九八年には一一〇人になっていた。大卒技術者の減少は更に著しかった。事故に遭った三人のうち最も経験豊富の横川にしても「入社して一度だけ研修を受けたが、臨界の意味はよくわかっていなかった」と県警の事情聴取に応えている。わからないなりに横川は自分が携る作業について核燃料取扱主任者に安全かどうか尋ねているが、その返答は「大丈夫ではないか」だったという。有資格者ですらその程度の認識だった。

そうした状況に追い込まれたことに日本の核エネルギー受容史の反映を見るべきだろう。五〇年代、その黎明期には原子力関係の仕事に就くことには希望があった。しかし事故が続くにつれて就労者は様々に虐げられ始める。チェルノブイリ事故後、反原発の風が強く吹くとその傾向は一段と著しくなる。

たとえば原発労働者の被曝も、反原発運動が問題としたひとつだった。堀江邦夫『原発ジプシー』(講談社、一九八四年)を始めとし、労働環境の劣悪さはしばしば告発されてきたし、過去に原発労働者で労災認定されたケースでも被曝と発病の因果関係において電力会社側と反原発運動側で見解の相違がある（被曝の結果だと予想される白血病で労災認定された原発労働者は過去に四人いるが、それはあくまでも労働省の規準——被曝総量が五ミリシーベルトに作業年数をかけた数値を上回り、作業に従事して一年以内に発病したもの——に適合した結果だというに過ぎず、つまり偶然適合したという可能性もあり、電力会社側は被曝と白血病発病の因果関係が認められたわけではないとしている）。

そうした状況の中、原子力関係の仕事に就くことは、極論すれば、強い自覚の産物か、あるいは無知によるものかに激しく二分されることになってゆく。つまり原子力こそが日本の繁栄を担っており、そこで働くことで自分もその繁栄を下支えしたいと考える高度成長期的な考え方か、何も分からずにただ雇用があるから働くかの二通りだ。そうでなければ反原発の風が吹く中で敢えて原子力関係の雇用に就こうとはしないだろう。無知のまま仕事に臨む人の場合は、具体的に危険の内容について知れば絶対に安全などないと分かり、恐怖を覚える場合があるので雇用者の側もそれを恐れて知識を与えない。「寝ている子を起こさない」論理である。

故人に鞭打つつもりはまったくなく、あくまでもその犠牲を無駄にしたくないために指摘するのだが、臨界とは何かを知らずに働き、バケツでの作業に不信を覚えなかった二人はまさにそうしたかたちで仕事に臨んでいた労働者だったのではないか。

ハンタイ派の啓蒙活動の結果、原子力に恐怖を感じる人が増えれば、雇用者は雇用に苦労するようになり、賃金面での配慮を行う。無知な人だけが誘蛾灯に誘われるようにそこに入って行く。

そうした構造が事故を起こさせ、二人の犠牲者を出した。その意味で、この事故に対してはハンタイ派も決して無罪ではない。もしも反原発派が理想とするように即座に日本の原子力利用を停止させられるのであれば、確かに犠牲は出なかっただろう。だがその仮定は現実的ではなく、理想を追うだけの運動は「ごっこ」の域を出まい。全面的かつ即時の原子力依存の停止が望めないものである以上、ハンタイ派は大内らのような人たちを視野に入れた戦略を採るべきだった。

職業倫理と滅私報社

最初の「てんかんの急病人」の通報は転換（試験棟）での事故という意味でJCO側で言った言葉を、消防署員が聞き違えたと説明されている。事故の一〇分後にはJCOの上層部は臨界事故だと把握していた（NHKスペシャル『調査報告・東海村臨界事故』一九九九年一〇月一〇日放送）。しかし、それが正しく伝わらなかったために消防隊員まで被曝した（四人が五－一〇ミリシーベルトの被曝をしている）とされるし、移送先を探す作業でも手間どった。JCO管理職の中には事故発生後すぐに家族に茨城県外に待避するように電話していた者もいたとされ、それが更に反感を買った（岸本康『臨界19時間の教訓』小学館文庫、二〇〇〇年）。

しかし、ここで、もし正しい情報が伝わっていたらどうなっていたか――。問題はそれでもまったく解決しない。「さすがに」原子力のパイオニアである東海村であり、それなりの対策は協議されていたようだが、中性子が飛び交う現場での作業までは想定されていなかった。

そして更に深刻な問題となるのは、放射線汚染被害を止める作業に誰が従事するかということである。ＪＣＯの事故では結局、ＪＣＯ職員が沈澱槽の周囲の冷却水を抜き、中性子を外に逃がして臨界を止めようとした。そのためＪＣＯ職員が被曝を覚悟のうえでその作業に当たった。将来、子供を作る可能性の高い独身者と現場に不慣れな管理職が外され、最初に中堅の八組一六人が、しかし、それでも予定していた作業が終了しなかったため、更に二組四人が追加され、その作業に当たった。配管を破壊することで冷却水を抜こうとしたが、うまくゆかずアルゴンガスを注入することで水抜きを行い、結局、翌朝六時一四分、臨界は終焉を迎えた。臨界状態に達してから二〇時間が経過していた。

だが作業はそれでは終わらない。いつ再臨界に突入するかわからないために、職員はホウ酸水を沈澱槽に入れる作業も行った。こちらは被曝量は少ないが、作業中に再臨界になれば、大量の被曝をする可能性があったし、爆発すれば生命の危険もあった。

幸い、再臨界は起こらなかったが、突入作業に当たったＪＣＯ職員のうち一八人が被曝した。彼らは線量当量で〇・〇五―六八・三ミリシーベルトの被曝をしたことが発表されている。ちなみに科学技術庁の事故対策本部の説明によれば連鎖反応を起こしたウランはおよそ〇・九八ミリグラムだった。わずか一ミリグラムにも至らないウランが二人を死においやり、多くの人を被曝させ、東海村に死の沈黙をもたらした。核反応の「威力」をぼくたちは改めて知ることになる。

こうした危険な作業をＪＣＯ職員が行うまでには次のような経過があったとされる。

「この事態を収拾するにはどうしたらいいか、もうおわかりでしょう」

住田代理（安全委員会の）は、ようやく会えた越島所長に事態の深刻さを伝えた。臨界を止めるための水抜きと、その後のホウ酸水の注入が急がれた。

原子力安全委員会に強制力はない。

「科学技術庁長官に強権発動の要請はできる。その間に被曝者はどんどん増えて行きますよ」と住田代理は決断を迫った。

「作業員はいったいどれくらいの放射線を浴びるのでしょうか」と越島所長は苦渋の表情をみせた。日本原子力研究所の田中俊一副所長らが、沈澱槽に残るウラン容量などから試算を示した。

職業としてかかわる者の年間限度量五〇ミリシーベルトは超えるが、緊急時の限度量一〇〇ミリシーベルトにはならないとの結果だった。

「われわれが起こした事故だから、自分たちでやるしかない」

越島所長はそう自分に言い聞かせた。（九九年一〇月一〇日朝日新聞）

住田自身も後に取材にこう応えている。

安全委員会に強制的な権限はないんですが、諮問機関だから強い助言ができます。それでぼくはＪＣＯの幹部に対して非常に強い助言をしました。
「水抜きの作業はそちらでやってもらわないと。断れば、総理大臣に勧告をして総理大臣からこういう作業をしろと命令を下してもらいます。しかし、時間がない。そんなことをやってられますか。遅れた場合は社会的責任になりますが、どうしますか」

（岸本康『臨界19時間の教訓』）

先のＮＨＫの番組では、原子力安全委員会委員長代理の住田健二がＪＣＯ職員による作業を「当然だ」と言い放ったのが印象的だった。それは当然、なのだろうか。確かに先に引いたようにＪＣＯ職員も「会社が世間に迷惑をかけたのでやらねばならないと思った」と後には語っている。しかし、その一見、本人の決意の産物に、それ以外の要素が介入する事情はないか。

この臨界事故には日本が原子力利用を選択した以来のすべての歴史が踏まえられている。事故の原因も単に裏マニュアルの存在や、作業員の不注意だけに還元されるものではない。臨界の知識がない作業員が裏マニュアル通りの作業をしていても今まで問題は起きなかったが、今回に限って悲惨な事故に至ったのは濃縮率の高い燃料を加工していたからだ。その燃料は核燃料サイクル機構の所有する実験炉「常陽」を運転するために必要だったのであり、常陽はなぜ作られたかと元を糺せば、国の核燃料サイクル構想のためだ。

そうした複雑な背景を踏まえた時、ＪＣＯの自己責任だけを問えたか。自己責任論が及ぶべき範囲はＪＣＯよりも遥かに広かったのではないか。

そうした狭・広の問題と同時に、個々の作業員の自己決定は果たして本物だったかという疑問も残る。水抜き作業は文字通り決死の作業となる。ＪＣＯの職員は、自らそうした選択をしたのか。おそらくは違ったと思う。そこで機能していたのは自己決定よりも会社共同体の同調圧力だろう。「会社が世間に迷惑を掛けたのだから社員がそれを償う」ことが、さも当然のように語られる。そしてそれ以上に考えが深まらない。それは国家に暴力の権利を委譲したのと同じく、会社にも社員に暴力をふるう権利を預けて当然とみなす価値観の壁に思考を遮られているからだ。

福島大の清水修二は日本の原子力開発を「高度成長期の未練の産物」という。確かに会社のために身を挺する「滅私報社」を当然とみなす価値観もまた高度成長期のイデオロギーだった。ＪＣＯの社員は自分たちが迷惑を掛けたのだからと一見、自分たちの自己決定権の範囲で水抜きに当たっているようだが、それは会社が歴史的に積み上げて来た歪みの清算を、運悪くその時に居合せた社員が行う行為だった（国の原子力政策全体を守るということでは戦時中のような滅私報「国」の構図が蘇っているとも言える）。こうした古い構図が蘇っても、相手が臨界事故のような一大事になるとなかなかそれを問題視しえないのは、実は日本人の意識の深い部分で「報社」、「報国」を美談とする構図がインプリントされており、それをさも自然に受け入れてしまうからだろう。清水幾太郎の章で指摘したことにも通じるが、日本が戦後の時間をかけて実現して来た「豊かさ」が、個人を正しく確立する「豊かさ」ではなかった実態がここに露呈する。

そして、死を賭けざるを得なかった人は他にもいた。たとえば救急隊員や医療関係者もそうだ。「職業倫理」といえば美しいが、自己決定を伴わない強制を行う権利は誰にもない。彼らにはあらかじめ自らの関わる仕事の危険性が、たとえば原発のない場所に比べてどの程度あるか正確に開示されるべきだった。もしも防護装備のようなものがあれば、それがどの程度の効果があるか示されるべきだし、もしもそれがないのなら、生命の危険をかけることへの補償がそれなりに示されて合意される手続きを就業前に踏むべきだった。個人を尊重するとは、まずそうした裏付けを用意しようと努める作業から始まるはずだ。こうして事故対策が合意の上で行える設備やシステムをあらかじめ作ったうえで原子力は利用されるべきだった。

たとえばアメリカのロングアイランドのショーラム発電所は、六五年に着工され、八四年に完成したが、住民が緊急時に三本しかない橋を渡って島から本土に待避することは物理的に不可能であるということで州および郡当局が待避計画の策定を拒否し、電力会社はついに操業を開始することが出来なかった。

日本の原発は多重防護を謳うが、原発以外のＪＣＯで最も悲惨な被曝事故が起きたように、事故の可能性は遍在している。それが核エネルギーを利用するということの現実なのだ。たとえば放射線漏れ事故で最も効果的なのは距離だ。距離さえ離れていればそれだけ被曝の深刻さが減るのは物理的法則に基づく。しかし一五万六〇〇〇平米もあったJCOの敷地で、作業棟はその広さを生かされることなく、敷地境界のすぐ近くにあったし、壁の向こうには人家が隣接していた。要するに周囲から距離を隔てるという基本の基本すら守られていなかったのだ。反原発派や世論を恐れて原発の多重防護（とその広報）には膨大な予算をかけるが、それが偏りを生み、日の当たらないJCOのような片隅で犠牲者が出る。

戦後日本は確かに豊かになった。核技術の受容もそうした豊かさを形成したひとつである。しかし原子力的日光の温もりの恩恵を受けられず、むしろ原子力的日光に殺される人々が存在する。光が強くなれば影も濃くなる。戦後日本の豊かさがそんな偏りを生んでいるのだとしたら、やはりそれを「なんとなく」受け入れていてはなるまい。毅然としてその現実を見定めるべきだろう。

その意味で気がかりなのは、ハンタイ派がその発生を防ぐどころか、むしろそうした事故を望んでいた節がうかがえることだ。清水は『臨界被曝の衝撃』（リベルタ出版、二〇〇〇年）の中でこう記している。「原発批判を口にしている私自身の心理の奥底に、原子力事故の到来を歓迎する危険な心理が潜んでいることを、私は正直に告白します。平生から〈きっと事故が起こる〉と警告している者にとっては、事故の発生はアタリですから〈それみたことか〉と快哉を叫びたくなる気持ちは抑えがたいものがあります。きわめて不道徳なことであることは百も承知でありつつも、危篤状態だった大内さんの容態が持ち直すことを望まない心理すら、私自身の内部で頭をもたげることがなかったとはいえない。自分の手落ちで人が瀕死におちいればワラにもすがる思いで回復を神に祈るにちがいありませんが、自分自身に落ち度がなく〈向こう側〉の失策であるという事情が、つい良心を鈍らせます。これは俗人の業のようなものかもしれません」

　ここまで正直に告白した清水には敬意を表する。そして、この告白を踏まえて建設的な方向にと議論を向けてゆくべきだ。事故がいつ起きてもおかしくないと主張し、むしろ事故が起きることを望みすらする。そんなハンタイの仕方では「弱者」が事故に巻き込まれることは防げない。対象が無徴の社会的弱者となったものの、かつてユダヤ人やハンセン病者を差別、排除して来た近代化システムをそのまま温存し、『鉄腕アトム』が提起した「共生」の問題に依然として解決の道を見い出せていないというのでは、清水が言うように反対運動の批判の質が問われるべき時期に来ているのだと思う。

　たとえば先に引いた堀江邦夫は『原発ジプシー』の中で電力会社の労働者にさえも、犠牲となっても仕方がないと見捨てられている下請け労働者の悲哀を描いていた。ＪＣＯの事故はまさにそうした見捨てられた労働者の悲劇だった。そうした労働者の下支えで成立している原子力エネルギー利用は当然そのままでは肯定できない（たとえば堀江の本の出版後、原発ジプシー的労働者の発生を防ぐべく、各電力会社は下請け労働者の横断的な身分把握を試みるようになった。しかし批判に晒された場所に改善を加えても、常に影の部分が成立することを示したのがＪＣＯの事故だった）が、彼らの犠牲をむしろ歓迎するハンタイ運動もまた深い問題をはらんでいるとのそしりを避けられないはずだ。

二〇〇二年論　ノイマンから遠く離れて

「二重の二重性」を持つ男

歴史には幾つもの連続と断続が折り重なっている。

たとえば核エネルギーを巡る利用技術も、その兵器としての利用と、いわゆる平和利用との間に連続と断続の二つの位相がある。そして、そんな核技術と、一見それとは無縁に見える情報技術の間にもまた二重の関係がある。この「二重の二重性」を体現している人物がジョン・フォン・ノイマンである。

ブダペストの裕福なユダヤ人銀行家の家庭に生まれ育ったノイマンは、小さい頃から神童の誉れ高かったが、その能力は過剰の域にまで達している。たとえば友人がディケンズの『二都物語』の冒頭部分を尋ねると一五分も二〇分も暗唱し始めて延々と止まらなくなったと伝えられる。

長じてはゲッチンゲン大学で量子力学の数学的基礎付けを行ったり、二〇世紀最大の数学者に数えられるヒルベルト門下で研究をする。このゲッチンゲン時代にオッペンハイマーと出会っており、それが後の彼の運命を大きく左右することになるが、当時の二人の青年はまだそのことを知る由もなかった。

ノイマンの場合、他の東欧系学者と異なり、命からがらアメリカに亡命したわけではなく、一九三〇年には既にアメリカに移住している。そしてプリンストンで研究していたノイマンは一九三六年、同じくプリンストン大学大学院に学位を取りに留学していたイギリスの数学者アラン・チューリングと会っている。これもまたノイマンの人生における運命的出会いのひとつだった。その才能を見抜いたノイマンはチューリングを助手に採用したがったが、チューリングは誘いを断り、イギリスに帰ってしまう。

ノイマンが見抜いていたもの、それは当時のチューリングが抱いていたアイディアが秘める可能性の大きさだった。0と1だけの数字を使い、「計算可能」な演算をすべて機械に行わせる方法をチューリングは思いついていた。プログラムを変えればどんな計算でも出来るこの万能計算機械――チューリングマシンの実現をノイマンはもくろんだ。しかしチューリングは助手として働くことを断り、英国へ帰国してしまったためノイマンの思惑は一次中断を余儀なくされる。

ノイマンのプランが息を吹き返すのは、偶然の結果だった。第二次大戦中、ペンシルバニア大学助教授ジョン・モークレーが、当時、同大電気工学科修士課程の学生だったプレスパー・エカートの協力を得てＥＮＩＡＣという計算機を開発していた。そこでは軍がスポンサーになっていた。軍は計算量が多くてやっかいな弾道計算をやらせる計算機械を欲しがっていたのだ。四四年夏、やはりＥＮＩＡＣの開発に参加していた数学者ゴールドスタインが、弾道研究所に赴く途中、駅のホームでノイマンの姿を目撃する。二人は面識はなかったが、ノイマンは既に有名な数学者だったのでゴールドスタインはその顔を知っていた。そこでゴールドスタインはＥＮＩＡＣの話をノイマンにする。最初はたわいない歓談だったが、会話はやがてノイマンによる厳しい尋問調になったと伝えられる。ノイマンはその計算機械に強い興味を持ち、やがて自らＥＮＩＡＣの開発に参加することになる。

当時のノイマンはプリンストン大学の高等研究所に所属したまま、ロスアラモスでの原爆開発に携わっていた。ノイマンはその電子計算機が、彼が携わっていた作業にも役立つと思ったのだ。それは原爆開発に必要な爆縮という方法の研究だった。ノイマンはその頃、衝撃波研究に没頭しており、原爆開発にもその知識を期待されて招かれていた。

なぜ原爆開発に衝撃波の知識が必要だったか。それは原爆をプルトニウムを材料に作ることになったからだ。プルトニウムは原子炉を運転すれば天然ウランからどんどん作られるので、厄介な分離・濃縮が必要なウランよりも原爆材料としての生産が楽だった。だが一方で爆弾に仕立てる上では問題があった。ウランの原爆は砲撃法と呼ばれる構造で作られた。ウランを二つに分けて置き、一方を火薬で飛ばしてひとつにする。そうすると臨界量に達して連鎖反応が始まる。

ところがプルトニウムの原爆はそれでは爆発しない。というか砲撃の速度では遅くて部分的に核分裂連鎖反応が始まってしまい、早期爆発で爆弾全体が臨界に達する前にはじけてしまう。そうさせないために爆縮という新しい方法が編み出された。プルトニウムの周囲に火薬を配置して、それを内側に向かって爆破させ、プルトニウムの容積を一気に小さくして臨界に達させせ、全体を爆発させるというものだ。

ところがそれは言うは易し、行うは難しの類だった。爆破の圧力を均一に当てないと部分的に核反応が始まってやはり爆弾が中途半端に破裂してしまう。均一に爆圧をプルトニウムに当てるように爆発速度の異なる火薬を工夫して配置しないといけない。この火薬配置の決定は難しく、ノイマンに声が掛かった。爆発の圧力計算に衝撃波の研究は役立つはずだった。旧知のオッペンハイマーがロスアラモス研究所所長だったことも彼の招致と無関係ではなかったろう。

こうしてノイマンは爆縮方法の研究を手伝い始めていた。学者は多くが秘密保持のためにロスアラモスに隔離されて生活していたが、ノイマンだけ自由に出入りしているのは、それだけアメリカ政府がノイマンを高く買って信頼していたからだろう。そして、その道すがら聞きつけたENIACを爆縮の計算に使えないかと思いつくのだ。

ただノイマンはENIACそのものに対してあまり芳しい評価をしていなかった。それはENIACが0、1に符号化することですべてを計算するチューリングマシンでなく、アナログ的な電流の量を区切って10までのデジタル数字を示す十進法計算装置だったためだ。ノイマンは「これは動かない、巨大なショートだ」と言っていたという記録が残っている。

実際にはENIACは動くには動いたが、それは四六年二月一五日で、ナガサキ用原爆の爆縮計算には間に合わなかった。第二次大戦を終らせたプルトニウム原爆はノイマンの腕力による計算で誕生したのだ。しかし産声を上げるのは遅れても利用価値はあった。完成後、すぐにノイマンはロスアラモス問題と呼ばれていた計算をＥＮＩＡＣにやらせている。それは来るべき水爆開発に関する準備のためのものだった。水爆はプルトニウム原爆以上に複雑な仕掛けが必要だった。ペンシルバニア大学に五〇万枚のパンチカードが運ばれ、計算終了まで六週間かかった。それは百人の計算士が寄ってたかっても一年かかる計算量だった。

しかし、ノイマンは先にも触れたように、このＥＮＩＡＣに満足しておらず、次機種の開発をＥＮＩＡＣの開発と同時並行して手掛けていた。今度こそそれはチューリングのアイディアを実現した機械になるはずだった。ケンブリッジ大学で作られ、ＥＤＶＡＣと呼ばれた計算機械は、しかし、開発関係者の意見対立で完成が遅れ、ノイマンもしびれを切らしてアメリカに帰ってしまう。結局、ＥＤＶＡＣの流れを汲んだＥＤＳＡＣという別のコンピュータが世界最初の万能チューリングマシン（＝プログラム可変型デジタルコンピュータ）の名誉を担って一九四九年五月に動き始めた。

アメリカに帰ったノイマンはＥＤＳＡＣと同じプログラム可変型コンピュータをロスアラモス研究所のために作らせてもいる。それはＭＡＮＩＡＣ（Mathematical Analytic Numerical Integrator and Culculator）と呼ばれ、まさに水爆製造に直接のターゲットを合わせた核兵器開発用コンピュータとなる。

コンピュータと核兵器の因縁

ノイマン自身は五七年にガンで死去しているが、コンピュータと核兵器の因縁はそれで終わったわけではない。

舞台はロスアラモスからＲＡＮＤ（Research ANd Development）研究所に移る。ＲＡＮＤは東京大空襲を指揮したルメイ将軍が戦後に作った空軍のシンクタンクで、当初はダグラス社が資金提供して経営にあたっていたが、空軍はダグラスとの癒着を疑われて痛くない腹を議会や新聞記者から探られてはたまらないと考え、後にそれを独立させ、民間の非営利組織にした。このＲＡＮＤ研究所で、六一年、「アイディア募集」の張り紙が出た。空軍の依頼を受けて核戦争にも耐える通信システムの構築をＲＡＮＤは請け負っており、その研究を所内で公募したのだ。

何をしなければならないかは明らかだった。ソ連のスプートニク打ち上げ成功は大陸間弾道ミサイル技術の産物であり、ソ連の核ミサイルがアメリカを直接狙えるようになったことを意味していた。どこを攻撃するかといったら、まず国防総省ペンタゴンは当然標的となる。そしてワシントンの行政機構を破壊するだろう。アメリカ政府はうろたえ、ソ連に遅ればせながら弾道ミサイル技術開発に全勢力を集中させたが、同時にもう一つ開発しなければならない技術があった。ソ連が主要な軍の政府施設を破壊するとその時点で戦争の勝敗は決してしまう。というのもそうなったらもはやアメリカは反撃できないのだ。指揮系統や通信がズタズタになっているからだ。つまり直接、大陸間弾道ミサイルで本土攻撃が可能になると、先制攻撃した方が、絶対有利ということになる。「攻撃すると報復されて自分も滅びるから、先制攻撃しない」という抑止論はまだ成立していない。五〇年代にはもう水爆も実用化されていたので、これは極めて危ない状態だった。

そこで先制攻撃されてもなんとか反撃できる能力を自国に残したい。そのために必要だったのが核戦争にも耐える通信システムの構築だった。

公募に応じて名乗り出たのがＲＡＮＤ研究所のポール・バランだった。通信システムといっても、贅沢なことを言っていられる状態ではない。大統領やその代理が発した「核ミサイルを撃て」「反撃待て」という短い命令だけが伝えられればいい。そこで、バランは電報を局から局に次々に送って行くようなシステムを想定する。なぜ電信がモデルとなったか。それはメッセージが既にデジタル化されており、機械処理が楽に出来るからだ。そして局から局へリレーされている過程で劣化したらエラー訂正することも出来る。そうバランは考えた。

とはいえ電信の通信網もズタズタになっている可能性が高い。そこで自動的に生き残っている電信網を探して繋いで行くような制御をコンピュータを使って行う方法を考える。コンピュータで送られてきた電信メッセージをコンピュータが一度メモリーし、再び自動的に送り出す。その場合に生きているネットワークを自動的に選んで送る。

その際、電信のメッセージを細かく分断して送る方法をバランは考えた。長いままだと長時間ネットワークを占有してしまい、他の通信に使えなくなる。いかに最小限でいいといっても限度があって、「打て」と言われて、「どこを狙いますか」とかいったやりとりはありえる。そこでメッセージを短く分断し、それを適当にコンピュータにメモリーしては送る、送る経路はばらばらでもいいが、最後に復元出来るようにするという方法を採ることで、ズタズタになって弱ったネットワークでもある程度の量の通信が出来るはずだった。そのアイディアはバランによって「分散型通信について」というレポートにまとめられている。

実はバランはエカート・アンド・モークレー社で一度働いた経験を有していた。それはENIACを作った科学者たちがペンシルバニア大学を辞めて設立した会社で、後にスペリーランド社と名前を変え、UNIVACコンピュータを作った。しかし当時のエカート・アンド・モークレー社のコンピュータはまだまだ性能が悪く、バランはあまり好印象を持っていなかった。そこで会社を辞めて大学に戻っていた。その後RANDにも籍を置くようになって、サバイバルネットワーク研究に着手した。

しかしこのバランのアイディアは論文にこそなったが、そこで足踏みしてしまった。国防総省はバランのアイディアについて電信電話会社AT&Tと相談するが、AT&Tは交換台を複数通すという発想が理解できなかった。通せば通すほど信号は劣化すると考えたからだ。確かに当時、長距離通信は五つまでの交換台の経由で済むようになっていた。AT&Tは熱心な設備投資の結果ようやくそれを実現したのだ。経由交換台数を減らすべく熱心に取り組んでいた当時のAT&Tにとって電信でメッセージを局間でリレーして次々に送るというアイディアは受け入れがたいものだった。なぜ音声で、しかも遠距離通信で連絡を取らない？　そう考えるAT&Tに前途を阻まれたバランは運が悪かった。彼は国防総省の国防通信局というところと折衝していたが、そこはAT&Tに近い研究者の巣窟で、AT&Tが首を縦に振らない計画を肯定することはなかった。

　しかし同じ国防総省の中にもコンピュータネットワーク研究に熱心なところがあった。国防総省高等研究計画局（DARPA）がそれで、自分自身インタラクティブなコンピュータを目指して研究をしていたリックライダーというコンピュータサイエンティストがそのトップにいた。バランから既に調査報告が出されていることを知るよしもなく、リックライダーもまたコンピュータを使ったネットワーク作りのアイディアを独自に抱き、IPTO（情報処理推進室）という組織を作り、そこにラリー・ロバーツがMITから招かれる。

　ラリー・ロバーツは国防総省高等研究計画局から予算を得て、サンタモニカのシステムデベロップ社のコンピュータとMITのリンカーン研究所のコンピュータを繋いでみる実験を一九六三年の終わり頃にした。その後六七年になってロバーツはある学会でバランと会う。そしてもう一人、イギリスでやはりバランと同じくメッセージを分散させて送信する研究をしており、その方法に「パケット通信」という今でも使われている名前を与えたドナルド・デイビスとも面識を得た。この二人からロバーツはコンピュータの間をパケット通信でつなぐという方法を得て、次にUCLA、ユタ、スタンフォード、UCサンタバーバラの四つの大学を繋いでみた。これらの大学にＩＭＰ（Interface Message Processor）と呼ばれる装置を配置し、共通のプロトコルに従ってパケット化とネットワークの制御を行ってメッセージを送る。実際には四つの大学はみな違うコンピュータを使っており、ＵＣＬＡはシグマ7、スタンフォードはＳＤＣ９４０、ＵＣサンタバーバラはＩＢＭのシステム３６０、ユタ大学はＰＤＰ－10で、データ交換などとんでもないはずなのに、ＩＭＰを通したらあっけなくすべてが繋がった。こうして六九年の一〇月から数ヵ月のうちに四つの大学のコンピュータを繋いだネットワークをＡＲＰＡＮＥＴと呼ぶ。ここにこそ今のインターネットの原形がある。

なすべきことは既にすべて出そろっていた。ＩＭＰの規格は柔軟に作られており、「番地＝ＩＰアドレス管理」さえ重ならなければ幾らでも新しくコンピュータを繋げられた。そこで多くの研究施設や大学がＡＲＰＡＮＥＴとの接続を望むようになる。

このＡＲＰＡＮＥＴの成功が知られるとそれに入れない大学が同じ規格で独自にネットワークも作った。一九八四年にはアメリカ科学財団がイリノイ大学、プリンストン大学などに設置したスーパーコンピュータを他の大学からも使えるようにとやはり同規格でネットワークで繋いだ。こうして出来ていったのがインターネットの情報網だった。

核とコンピュータの「共生」が導いた均衡の時代

このようにインターネットは核戦争対策技術として生まれた。バランのアイディアは核攻撃後に生き残る通信ネットワークを構築せよという軍からの要請から生まれていたのだし、ロバーツが実際にコンピュータネットワークを構築した時にも核戦争の影は落ちていた。IMPの中身はDDP516というミニコンだったが、それは高さ一八〇センチ、奥行き七〇センチの冷蔵庫のような、しかし非常に厚い鉄板で囲われた箱の中に収められていた。それは直撃の場合は無理だとしても、比較的近くで核攻撃の爆破があっても耐えられるようにという配慮からだった。このようにインターネットは冷戦の産物という性格が強い。そして、インターネットによって核攻撃後にも情報通信網が確保できることが一つの大きな要因となって、核抑止が技術的な裏付けを持つようになる。

このように冷戦の成立は、核技術とコンピュータ技術との「共生」がもたらした。つまりそれはノイマンの落とし子だった。しかし、核技術とコンピュータ技術との「共生」が導いた相互抑止による均衡の時代は、その後、奇妙な筋道を辿ることになる。

ノイマンはもうひとつ冷戦の展開に貢献した。彼は四二年にモルゲンシュテルンと共著で『ゲームの理論と経済行動』(1~5、銀林浩、橋本和美、宮本敏雄監訳、東京図書、一九七二―三年)を書いている。これは人間行動を科学的に捉える基本理論として戦後熱心に研究される。その実践の舞台となったのは、インターネットの雛形のアイディアをも生んだRANDだった。ノイマン自身、RANDに顧問として勤めてもいる。いかに冷戦を戦い抜くかは戦略研究シンクタンクとしてのRANDが常に検討を要請されていたテーマだった。そこでゲーム理論に基づく考

	ｂ１	ｂ２
ａ１	０、０	２、−２
ａ２	０、０	−２、２

察が繰り返された。

最も単純な二人ゼロサム型ゲームを説明すると次のようになる。

Ａ氏とＢ氏が競っている。Ａ氏はａ１かａ２、Ｂ氏はｂ１かｂ２の行動を選択できる。それぞれの行為選択の結果の損得を表の中の（ａの取り分、ｂの取り分）で示す。マイナスは取られる分を示す。

Ａ氏が自分の取り分を少しでも多くしようとしたらａ１を選択する。その場合、Ｂ氏がｂ１を選択したら損も得もないが、ｂ２を選択してくれれば２の儲けになるからだ。Ｂ氏の場合はどうか。ｂ１だとＡ氏の選択の如何を問わず損も得もしない。ｂ２だとうまくゆけば２の儲け、下手をすると２の損になる。

このゲームの場合、Ａ氏が合理的な精神の持ち主であればａ１を選んでくる。得はしても損はしない選択だからだ。となるとＢ氏はｂ１を選ばざるを得ない。そうしないと２の損になる。そこでこのゲームは結局、Ａ氏はａ１、Ｂ氏はｂ１を選んで両者とも損得なしで終わる。このように「人は自分の損害の最大値を最小化しようとする（ミニマックス原理）に従って合理的な判断をする」という前提に立つと行動が一通りに定まる。こうして参加者が合理的な存在であることを前提として、その取りうる行動を数学的な演算で予想するのがゲーム理論だ。

こうした考え方を二大国間の核抑止に応用したらどうなるか。両国とも相手を壊滅できる核戦力を有している。最も避けるべきシナリオは自分だけが壊滅させられるケースだ。それだったら相打ちの方がいい。相手を一方的に壊滅させてしまったら、国際世論で窮地に立つだろうが、それでも自分が壊滅しなかったので良しとする。一番良いのは共に攻撃しないで無傷で残ることなのだが——。

この場合のミニマックスは自分から攻撃するということになる。そうしておけば自分だけが壊滅的被害を受ける「最悪」の事態は避けられることになる（実際、フォン・ノイマンは先制攻撃論者で、「明日ソ連を攻撃するのだったら今日した方がよいし、今日の五時に攻撃するというのだったら一時にした方がよいと考える」と述べている）。

だが先制攻撃は、サバイバル通信網の確立などによって報復攻撃体制が整えられた後となっては、共倒れの選択になる可能性が極めて強くなった。

共倒れの現象は、ゲーム理論研究者の中でも「囚人のジレンマ」として関心を集めていた。逮捕され、別々に独房に収監された囚人が、互いに相手は口を割らないと信じて黙秘を続ければ犯罪が確定せず、両者とも無罪放免されるのに、実際には相手を疑い、仲間に自分が売られることをみすみす待つのなら、自分から仲間を売って司法取引に応じた方がましだと考えてしまう。その結果、両者とも罪が確定し、懲役刑になる。なぜ最大の利益を得られない結果にみすみす至ってしまうのか、それは人は利己的な生き物であるという前提＝利己心仮説が導く必然である。相手は利己的であり、自分を裏切るだろうとあらかじめ疑ってかかる。その前提において、相手を信じずに自分の利益を最大化しようとすると、利益の最大化がなされないどころか共倒れすら招き寄せる。

こうした共倒れへの恐怖をはらみつつ核武装はエスカレートして行く。サバイバルネットで報復攻撃能力が残るなら報復のための基地を同時に消滅させればいいということで、多くの核弾頭が用意される。もちろん相手も同じ作戦だろうから、これではかなわないと更に大量の核兵器を用意する。

こうして無限のエスカレーションの階段を昇ろうとした核抑止の時代は、二つの壁にぶつかる。ひとつは報復能力は確保できるが初弾の被弾は避けられないので、せめてその被害を少しでも減らそうとして核シェルターが作られるが、そこに入れる人数にも限りがある。収容人数以上に殺到した場合にどうするか──。六〇年代初頭には殺到する暴徒を撃退するために核兵器の使用が検討されるというブラックジョーク的事態にまで至った（『サンフランシスコ・クロニクル』一九六一年九月三日付け）。やがて第一弾の被弾を避けるべく、都市の近くに相手の核ミサイルを迎撃するミサイル防衛網ＡＢＭを作ることが考えられたが、それを配置すればその基地が当然攻撃対象になる。核兵器の威力が大きくなればＡＢＭ基地への攻撃が近接した都市を蒸発させよう。つまりＡＢＭがむしろ疫病神になりかねないわけでアメリカでは六七年にＡＢＭをボストン、シカゴなど一五から二〇の都市に設置することが決まると、それに反対するＳＣＲＡＭ（Sentinel Cites Reject Anti-Missiles）デモが起きる。このように市民社会は冷戦のプレッシャーに耐えられずに悲鳴を上げ始め、それが核抑止政策に依存する政府への逆風となる。

そして核軍事力を高めて行くことの経済的負担は余りにも大きかった。そしてソ連が経済破綻に至り、やがて国家そのものが崩壊することで、冷戦の時代はゲーム理論通りの結果が出る前に終結、かろうじて共倒れに至らずに終った。

しかし、その一方で核の問題は未だに未解決のまま残されている。核の平和利用の是非についても合意に至る道はまだまだ遠い。

一方に核エネルギーの人工的利用を一切禁じないかぎり人類の未来は破滅に至ると考える人たちが多くいる。それが、いわゆるハンタイ派である。それに対して核エネルギーの利用なくしては未来の人類は資源危機に直面して破滅すると考える人がいる。いわゆるスイシン派である。この二勢力がにらみ合っているのが現在の状況だ。それをゲーム理論もどき（数学的に表現しきれないので〈もどき〉にならざるをえない）で説明してみよう。

ハンタイ派をA、スイシン派をBとする。ハンタイ派は原子力利用をなくしてゆくために今後も積極的に運動をする（＝ａ１）か、あるいは反対運動をやめる（＝ａ２）かという選択肢を持っている。スイシン派も同じで今後も原子力利用を続け、施設を増設し、あるいは既存施設を維持し続ける（＝ｂ１）か、その政策を放棄する（＝ｂ２）かの選択肢がある。

	b1	b2
a1	破滅、破滅	明るい未来、破滅
a2	破滅、明るい未来	破滅、破滅

もし（a1、b1）が選択されたとき、ハンタイ運動の妨害を受けて新規核エネルギー利用施設の増設は難しくなる。ハンタイ派の主張は既存の施設だけでも十分に人類は危機に直面するというものだから、スイシン派がb1を選んでいる限り新規建設を阻まれ、十分な核エネルギー利用が出来ない以上、人類の未来は破滅に至ると考える。これに対して（a1、b2）の選択こそハンタイ派の望むものだ。核施設増設、維持の圧力がなくなればハンタイ派の主張に従ってそれを廃絶に方向づけられるので彼らは人類の未来は明るいと考える。それに対してスイシン派はこれでは資源問題で人類は破滅すると考える。

それでは（a2、b1）の場合はどうか。こちらはスイシン派の望むところだ。存分に核施設が増設できるので資源問題は解決し、人類の未来は明るいと考えられる。しかしハンタイ派にしてみれば人類が何度死滅しても足りないぐらいの危機的状況ということになる。（a2、b2）はどうか。スイシン派は資源の枯渇による人類の滅亡を覚悟しつつ、増設・維持を放棄している。しかし一方でここではハンタイ派も原子力利用廃絶を求めないので、施設は現状のまま残ることになる。ハンタイ派にしてみれば既に十分すぎるほどある危険が放置されることになって人類は滅亡する。

こうした選択肢の組み合わせで考えると、利益を最大化しようとするハンタイ派はせめてもの望みを賭けてａ１を選ばざるを得ない。少なくともそうしなければ人類の未来はないからだ。スイシン派も利益最大化のためにはｂ１を選ぶことになる。その結果、選ばれ得る組み合わせは（ａ１、ｂ１）でしかなくなり、破滅を避けられない。まさに現在の状況が膠着に至っているのはこの通りなのだ。

こうした共倒れ的状況を示す具体例を幾つかあげる。

たとえば原発の制御技術は実は知られている以上の達成を既に示している。スウェーデンで七五年ごろ研究されていたＰＩＵＳ（Passive Inherent Ultimate Safe）炉は、スリーマイル島原子炉で起きたような冷却水が喪失する重大事故が起きると容器内外に圧力差が生じ、外のプールからの水が注入され、ボロンの中性子吸収効果で核反応が停止するに至るよう設計されている。特徴的なのは外部からの冷却水注入にポンプなどの動力を必要としないこと。人工的な操作を必要とせず、自然の力で安全性を確保するこうした方法を受動的安全性と呼び、ＰＩＵＳは設計構造そのもので安全性を確立した炉形式ということで固有安全炉と名乗っていた。

しかしそうした新設計炉技術は逆風に苛まれている。日本でも原研で一九九三年から研究が始められたＪＰＳＲ（JAERI Passive Safety Reactor）などＰＩＵＳ炉の延長上に受動的安全性を確保しつつ実用可能な炉型を探る研究に着手しているが、その成果は殆ど報じられていない。というのも反核運動の高まりの中で原子力発電所の新規立地を確保すべく奔走している電力関係者は、原子力発電所が現状でも「十分に安全なのだ」と理解して貰いたいと願っている。だからこそ、「今以上に安全な炉」の情報が広く伝わると、「それでは今の炉は安全ではないのか」と思われてしまうことを恐れる。だから最新の安全炉研究成果が流布することを嫌うし、更にはそうした研究開発への着手そのものをも敬遠してしまう——。

もしもこうした、より安全な炉が作られれば、リスク・マネジメントにおいて距離因子への依存を減らすことができ、たとえば地域振興にも新しい局面を導けるかもしれない。電源三法の欺瞞性を減らすことも出来たかもしれない。しかしそうした方向に事態は進みそうにない。

あるいは核廃棄物を中性子によって核種変換し、廃棄物を減らそうとする研究もあるし、そうした利用法のための中性子発生装置として核融合炉を使えないかというアイディアもある。だが、その種の新技術も陽の目を受けにくい。ハンタイ派は原子力研究全体の息の根を止めたいと願っているが、本当にそうなったら廃棄物処理や廃炉すらままならなくなる。互いを不信の眼でみて、共倒れして行く「囚人のジレンマ」に等しい矛盾を原子力エネルギーを巡る状況は残念ながらはらんでいる。

共倒れを防ぐ倫理の視点

なぜ共倒れに至るのか。利己心仮説がその原因であることを「囚人のジレンマ」は示していた。そうである以上、共倒れを防ぐには自己中心、自共同体中心主義的な価値判断を減速させつつ、どのような選択をすることが社会のためになるのかを考える視点を導入する必要がある。たとえば個人は利己的な存在だという考え方を斥け、社会的公正さの実現をまず求める立場をとったのが、『正義論』（矢島鈞次監訳、紀伊國屋書店、一九七九年）におけるジョン・ロールズだった。ロールズはそこで二つの正義の原理を打ち立てている。まず第一原理として「すべての人は、同様の自由を万人に保障することが社会制度としてあり得る範囲で、基本的な自由の権利を平等に、最も広範囲に認められる社会制度に対して同等の権利を保有していなければならない」。

これは一人に自由を認めるなら、それは万人に平等に認められるべきであり、逆に言えば、万人にそれを認めても社会制度が存続しうる範囲の自由を個人に認めるべきだという考え方だ。社会的に平等な自由を共有するには、なるほど、この原理は正しいと思える。これ以上の自由を誰かに認めることは不公正になるのだ。

これは技術を実用化する場合の自由に対しても適用可能な考え方ではないか。その技術が万人に所有された場合にもなお社会が存続しうるような技術でなければならない。たとえば自動車はその原理に反するものだ。世界中の人々が自動車に乗るようになれば石油資源は瞬時に枯渇するだろう。つまり自動車とは万人にその利用が平等に認められたら社会が存続しなくなる技術だった。そう考えると自動車所有の自由はなんらかのかたちで制御されるべきだったということになる。

では、そこでどのような制限が設けられるべきか。ロールズの正義の第二原理は次のように示される。「社会的な、もしくは経済的な不平等が存在するとしても、次の二つの条件に合致するものでなければならない。a．社会で最も不利な立場に置かれている者が最も多く受益が期待できること。ただし将来の世代に公正な配分を残せるような政策原理と矛盾してはならない。b．社会の役職や地位は、公正な機会均等の条件の下に、万人に開かれていないといけない」。

自由を分配するなら平等公平にという第一原理に対して、第二原理は社会の経済状況を踏まえたものとなる。つまりあらかじめ不平等がある場合にはどうするか。ロールズはそれまで最も恩恵をこうむらなかった人に最も恩恵が行き渡るようにすべきだと考える。つまり未だに自動車や、それに象徴される文明の恩恵を最も被っていない第三世界の人々こそ最優先的にそれを用いる自由を認められるべきだということになる。

このロールズのマックスミン原理と呼ばれる立場は、強者が多くを取って行く競争至上主義に制限を加えるものだ。しかし、この立場は多くの場合に弱者を救済するだろうが、万能ではありえない。たとえば最低層にいる人に最大の利益を与えるために生活保護額を増加させ、平均年収にまで彼らの所得を高めたらそれは公正といえるだろうか。真面目に働いている人間と働いていない人間が同じ所得というのはやはり不公平だと言えよう。

ロールズ『正義論』の弱点は、このように最低の層しかみないことにあった。そうした欠点を考慮したのがJ・C・ハーサニの立場だ。ハーサニは功利主義の「最大多数の最大幸福」の考え方を現代的に蘇生させようとする。ロールズが最低層しか見なかったのに対して、ハーサニは社会全体の「効用」の量を考える功利主義を採用する。しかし単に功利主義を蘇生させるのではなく、弱者救済の視点をそこに取り入れた。

そこでハーサニは「限界効用逓減の法則」を功利主義に取り入れる。これは現状で多くを得ている人は、何か効用を与えられても満足は少ないと考えるもので、こうした修正要素を加えた上で、効用の総和を最大化する選択を社会は行うべきだと考える。たとえば同じ一万円を与えても既に多くの財をなしているひとは喜ばないが、無一文の人は狂喜する。手持ち量が少なければ少ないほど同じ量を与えられても得るものは多くなる。それを考慮すると、持たざる者により多くを与える逆累進型供与が社会全体の効用総量を最大化することになり、自ずと弱者救済に方向付けられる。つまりここではロールズの第二原理と近い状況を導きつつも、最低の人だけを見る偏りも解消される。

しかし、このハーサニの方法も、実はうまくゆかないケースがある。確かにまんじゅうを一日に二〇個も与えられれば食傷気味となり、効用は目減りする。そこでそのうちの一〇個を空腹の弟にお裾分けしてやる。そうすれば同じ二〇個を供与しても効用の総量は増える。ハーサニの思惑通りの結果だ。だがこうしたお裾分けが常になされるとは限らない。二〇個を一日でたいらげようとするから食傷気味となる。今日は一〇個にしておき、残りの一〇個は翌日に食べればいい。あるいは一〇個だけをたべて、残りは弟が既に遊び厭きているプラモデルと交換するという条件で弟に与える。そうすればまんじゅう一〇個の効用だけでなく、プラモデルの効用も得られる。

弟にしてもプラモデルの効用は減っていたのでそれとまんじゅう一〇個を交換できればそうわるくない。かくして効用の総和は最大化されるが、こうなると持っている者が更に多くを得て行くことになる。

このようにノイマンの利己的なゲーム理論でもうまくゆかないが、ロールズやハーサニのようにそれを修正した立場でもうまくゆかないケースがある。

ならばどうするか。佐伯胖《さえきゆたか》が『「きめ方」の論理』（東京大学出版会、一九八〇年）の中で示したのが、本書で既に何度も登場している概念、未知性を導入するという方法だった。ある法則に従って決定をしているが、それがうまく機能しているかどうかを常にチェックし、駄目な場合は中止できるような取り決めをあらかじめ制度の中に盛り込んで置く。こうして制度改革自体を制度化してしまう方法で、たとえばロールズの方法を試しつつ採用したり、ハーサニの方法を選んでみたりする。うまくいっている場合は良いが不都合が成立したらそれを回避できる体制をあらかじめ採用しておくのだ。

こうした未知性をあらかじめ取り入れることは、しかし、実は合理的な判断の域を超える。それはそうした方法に対する根拠なき信頼を必要とし、つまりそれは「賭け」の様相を呈することになるだろう。先に高木の章で反核市民運動が科学的合理性を手放す傾向について批判したが、実は合理性はいつかは見切られなければならない。

ただ、早過ぎるのは問題だ。そこで、ぼくたちに要求されているのは良き賭け手になることなのだ。賭けに勝つには、もちろん根拠のしっかりした情報の収集に万全を期すことが望ましい。たとえば核エネルギー利用技術の場合、未来がどうなるかに関わるし、評価の定まっていない先端科学の宿命として未知数の部分は払拭できないが、それでも現在の時点で可能なかぎりの必要性、安全性の議論を突きつめる。それは電力を使う「私」のレベルから地球規模の「公」のレベルまでの広がりの中で論じなければならないし、電力需要だけでなく、地域振興等の問題も考えなければならない。そして空間的だけでなく、時間的な広がりも視野に入れる必要がある。歴史の中で核エネルギー利用技術を検討するべきだ。

そうした検討を踏まえたうえで初めて賭けに出る。それが良き賭け手の作法である。たとえば核廃棄物の処理にもしかしたら効果を発揮するかも知れない核種変換の技術が見つかればとりあえず試験的に取り入れてみる。そうした研究開発をナショナルプロジェクトとして人材と研究費を重点的に配分することも可能性に賭けるという意味では認められるだろう。そして、こうした科学で科学を制する「再帰的方法」がうまくゆくならよいし、駄目ならやめればいい。万全を尽くしても「賭け」に負けることもあろう。初めから予想不能な事態を覚悟していたのでうろたえるにはあたらない。その場合はすみやかに軌道修正を行えばいい。

今までの日本の原子力利用はこうした柔軟さに欠け、絶対安全、絶対必要と最初から唱えて出発し、二進も三進もゆかなくなっていた。たとえば「迂回」を越える可能性として、超小型原子炉を使って暖房から発電までをやらせるというアイディアもある。小型炉はエネルギー密度の高い高速炉〔中性子を減速させずに使う炉型〕とし、再処理などはなから考えずに燃焼度を上げて長寿命化し、たとえば一〇年程度稼働させて炉ごと交換するようにする。受動的安全設計を採用するのはもちろんだし、テロ対策のために炉心は完全密封とする。こうした小型炉をたとえば難民地区や災害被災地区の発電、暖房インフラとし、まさに迂回させずにずばり現地に置いて使う。パワープラントとして他に選択肢がない場合、メリットの大きさの前にコストの問題も無視できるはずだ。海外に提供すれば国際貢献も可能だろう。

しかしこうした技術応用の方向性は模索されない。先にも触れたように大型軽水炉路線を進めている国と電力業界はそれ以外のオプションを好まない。こうして、国や電力業界が現状維持に縛られ、新規技術に踏み出せない状況を元日経新聞論説委員で現在は東京工業大学教授の鳥井弘之は内側に閉じて動けなくなる「ロックイン」と形容しているが、共倒れの一環だとも言えよう。

もちろん未知性を取り込む場合、もたらされる結果について賭け手は責任を取る覚悟が必要である。ありうべき被害を最小限にくい止める手立てをあらかじめ取れるようにしておくべきだ。

こうした総合的な判断の結果として賭けを行い、効用をより多く得る方向に進めて行く。その場合、要求されるのは、個々人や、それぞれの陣営、国家、階級などの共同体の利益を中心に考える利己的な発想ではなく、広く社会を見渡してメリットとリスクを勘案することだろう。その際、倫理的な判断がなにより求められる。佐伯はこう書いている。「社会的決定理論というのは、人々を不信の眼でながめて、どんなにひどい人間、ずるい人間がいても社会がこわれない原則をさがす研究ではない。人々の倫理性をよびさまし、倫理性に訴えて、また、人々の本来の倫理性からくる訴えに耳を傾けて、倫理的社会を構築するための研究をしなければならないのである」（前掲書）。

核の問題はそうした倫理性をいかに我々が担うべきか、技術にどのように接するべきか、未知性を孕む先端的な技術について、その未だに定かでないリスクとメリット、デメリットを相手どってどのような制御の理論を持つべきかをシビアに問いかけてくる。もしも核の「効用」があるとすれば、それは万人に利用できるものであるべきだし、そうでないならまず弱者を救済するものでなければならない。それができなければ核を利用する意味はない（その意味で弱者へしわ寄せをむしろもたらしつつ成立している原子力利用の現状は明らかにおかしい）。そして、そもそも「効用」どころか、どう考えても社会的に有害なのだとしたら、その科学技術は躊躇なしに封印されるべきだ。封印もまた制御の一技術であり、選択肢の一つである。そうした社会性を配慮した倫理的な視点で核の問題は扱われるべきなのだ。

こうした倫理の言葉を引くとき、改めてノイマンがそうした視点から極めて遠い存在だったことと、倫理やおよそ「徳」のようなものと無縁だったことを思う。自分の利益を最大化することのみを徹底した合理主義で考えるゲーム理論における人間像はまさにノイマンという人そのものだった。数学史家の佐々木力は『二十世紀数学思想』（みすず書房、二〇〇一年）の中でこう書いている。「フォン・ノイマンの分析的頭脳は飛び抜けていたが、感性は無邪気な幼児のようであったと言われる。アメリカ社会はプロフェッショナルな能力をとりわけ崇敬する。反面、一般的に、人間の全体的な徳をそれほど重視しない。とりわけ他者の痛みに対する配慮を欠く。現代アメリカが競争至上主義の新自由主義の最も繁茂する社会となっているのは偶然ではない。そういったエートスはフォン・ノイマンに実に適合的であった。……彼は原爆投下にあたっても、被害者に対する同情の念をほとんどもたなかった。〈徳盲〉が〈悪魔の頭脳〉をもった時、結末は真に〈悪魔的〉なものになる」。

ノイマンは核エネルギー利用技術とコンピュータを産み落とす助産師役を果たした。ノイマンなしに今の文明はありえない、しかし今やそんなノイマンから遠く離れて、人と技術の間で複雑に絡み合う問題系を視野に入れ、核を選ぶべきか、選ぶとしたらどう選ぶべきかを決める必要がある。そして更に広く科学技術一般を、そして技術を巡る政治を制御するメタ技術を、個の欲望と公共の社会制度と調和させる方法を作り出すために、「なんとなく」手に入れた「豊かさ」に一度「、」を打ち、立ち止まる勇気をぼくたちは持つべきなのだろう。

おわりに

核について書いてみようと思ったのはいつだったのか。

老人の繰り言のような言い方になるが、もう思い出すことも出来ない遠い昔だったような気すらする。具体的な作業を始めたのは、ハンセン病論『「隔離」という病い』（講談社選書メチエ、一九九七年）の執筆がほぼ終わりかけていた時期だから九七年の夏ぐらいからか。実際、初めて核関係施設（日本原研那珂研究所、東京電力柏崎刈羽原子力発電所など）を取材として見学したのもその頃だった。

ただ、それは具体的に取材を始めた時期という意味であって、核に対する意識となると、果たしていつまで遡れるのか分からない。

核実験があるたびに「しばらく雨に当たらない方が良い」と言われた子供時代を過ごしたのは、戦後生まれのある世代に限られるのだが、ぼくもそこに属する。

そんな記憶があったからこそ刺激に対してより大きな振幅を伴う心的反応があったのだ、と思う。突然、眼が醒めたように感じたのは、本文の中で検討したホイットニーの「原子力的日光の中でひなたぼっこしていた」というセリフを知った時だった。原子力的日光という言葉は、まるで何かの引き金を引いてしまったように脳裏に響いた。歯車が噛み合い、錆び付いていた脳の機械がみしみしと動き始めたようだった。すべての、たとえば今、自分の眼の前にある風景を説明するのにこれほど的確な言葉はないと思った。光がなければものを見ることは出来ない。しかし今、世界に満ちて、ものを見せてくれる光は「原子力的な日光」なのだ。その光に照らされて、すべてが核の影を落としている、そんな認識こそ現代社会を理解するのに相応しいように思えた。

そうした核の威力が遍在する世界の状況を描き出してみたい、そしてそうした状況を生きる覚悟や技術を書いてみたいと思った。ただし思いは空回りしがちだった。書き出そうにも、どこから手をつけて良いか分からない。あまりにも多くの領域に核の影が及んでおり、問題の浸透する深さ、その及ぶ範囲の広さに圧倒されて、金縛りにあったようになってしまうのだ。

普通の雑誌の、核に関わらない仕事や、大学や専門学校でジャーナリスト志望の学生に教えるような仕事はそれなりにこなしていたので、周囲の人はぼくが「固まって」いることに気づかなかったかもしれない。しかし、本人にしてみれば停滞感は著しく、何度か諦めようともした。しかし、ここで書かずに済ませてしまえば後悔や欠落感が大きくなろうことも分かっており、悩んだ。

核エネルギーの解放は二〇世紀の発明であり、その技術について自分でも二〇世紀のうちに自分なりの「落とし前」をつけておきたいと強く思っていたが果たせず、結局、五年かけてあとがきまでに漕ぎ着けた。

構成にも悩んだ。御承知のように原子力関係の書籍は星の数ほどある。しかしそれでもうまくその問題の本質が伝えられていないのは、その伝え方に問題がある。そこで問題意識の立て方からして再編集してみた。原子力エネルギー利用技術史を辿り直し、通年体を装う各論の集合として、原子力的日光の及ぶ範囲の時空を横断する全体的な構造についてのアプローチを試みた。ハンタイ、サンセイのいずれにくみするわけではなく、むしろその膠着した構図そのものを相手取ろうと努めた。

『原子力の社会史』の中で吉岡斉は自分の電力業界に対する立場を「非共感的」と形容している。非共感的とは、あらかじめ敵対するわけではないが、批判的な立場を取るというものだ。ぼくもその言葉を使いたい。日本の原子力エネルギー利用への取り組みを全否定するつもりはない。しかし、それでもなお「共感できない」部分が残る。特にスイシン広報の姿勢については疑問を感じる。そんな心境を「共感的ではない」という表現はうまく表してくれると思う。

そして同時に反核運動家、反原発運動家の現状にも「非共感的な」心境を持っていると記したい。科学的な思考を手放すリリースポイントが早すぎる。本文でも書いたが、科学的な思考を超える賭けをしなければならない地点があることは認めるものの、どこまで科学的な思考を延長できるかがよき賭け手になる必要条件だろう。フォームの崩れたピッチャーのようにリリースポイントの早過ぎるハンタイ派は悪しき賭け手であり、彼らの思考パターンにも、その意味で批判的にならざるをえない。

つまりどちらを向いても共感できない状態において原子力に対峙し、なんとか活路を見い出そうとした試みが本書である。


東海村核燃料転換工場で働いていた時に被曝した大内久さんが亡くなった翌々日の九九年一二月二三日の朝日新聞に中野不二男氏がJCO臨界事故について寄稿していた。「地球上ただ一つの被爆国。その国で、高濃度の核燃料がバケツとヒシャクで扱われていたという実態。この、二律背反のような落差は、いったいどこにあるのだろうか」。そう書き出した(唯一の被爆国だというのは識者によってはやや異論が出るかも知れない。日本以外でも核実験で被曝者が出ているケースはある)中野氏は物理学者・寺田寅彦の言葉を引く。「ものを怖がらな過ぎたり、怖がり過ぎたりするのはやさしいが、正当に怖がることは、なかなかむつかしい」

中野はまさにこの寺田の指摘が核に対する姿勢にも該当すると考える。我々は時に怖がり過ぎる。JCO事故の報を聞いて大阪で開催されていた新体操選手権からオーストリア選手団が引き上げた例がそこでは挙げられているが、まさにこの種の行動は多い。ここでは挙げられていなかったが、反原発運動の中には明らかに放射能に対して過剰に恐怖する(怖がってみせる?)ケースが多々ある。

そして一方で怖がらな過ぎるケースがある。臨界の可能性が濃厚にある条件なのに職員がバケツとヒシャクで作業に当たっていたＪＣＯ事故の背景には、確かに核エネルギーの危険に対する軽視、そして無視があった。

そうした両極端に分離する傾向に対して中野氏は「正当に怖がる」重要さを説く。その主張には大いに共感できる。「正当に怖がれる」ようになって欲しいと心から思う。しかし、その一方で、こと核の問題に関して、「正当に怖がる」ことは出来るのだろうかとも思ってしまうのだ。正当に怖がるためには、恐怖の対象を正しく理解しなければならない。しかし「核」は正当に理解できるものなのか。

物理現象としてすぐに量子論を引かずには説明できなくなる「核」の世界は、そしてその影響力が及び得る範囲として地球全体を考えなければならない「核」エネルギーの世界は、「最小」から「最大」へのあまりに捉えどころのない拡がりを持つがゆえに直感的な理解が難しい。そして、そうした物理学的事情だけでなく、様々な歴史的力学の一筋縄ではくくれない作用の結果としても「核」は理解しにくいものとなっている。特に我々日本人にとって「核」は特異的に難物だ。唯一の被爆国で、高濃度の核燃料がバケツとヒシャクで扱われている二律背反的現象ひとつ取っても、様々な要因を積み重ねた重層的な構造をなしている。そんな「核」の在りようを的確に見定めることは困難であり、だから正当に怖がることがなかなか出来ない。

この本において試みた諸問題群の再編集法は、そんな重層性を少しでも解きほぐすための挑戦だった。視線を少しでも深く核の問題が孕む本質に向かって届かせるために、かえって幾つもの迂回路を通る作業をした。メインカルチャーだけでなく、大衆的意識がより表出しやすいサブカルチャーも含めて横断的に各論を総合することで、「核」観の輪郭が描き出せれば良いと思った。「急がば回れ」になれば良いし、本書は未だに回り道をうろついているだけに終わってしまったかもしれないが、このような迂回的・螺旋《らせん》的前進を経た構造的な把握の先にこそ「核」を正当に怖がれる姿勢が生まれるのだとは思う。

二〇〇一年九月一一日にニューヨークで発生した同時多発テロを契機に世界は新しい状勢に突入した。核技術は用いられなかったが、旅客機という文明の利器が兵器として活用された。冷戦期に自国民の命を差し出さなかった米ソは結局、先制攻撃に踏み切れず、核を使用出来なかったが、自分が死んでもいいとなると攻撃の仕方に新しい可能性が開かれ状況は激変してしまう。テロリストが自らの命を犠牲にすれば、旅客機ですら大量殺戮兵器になるのだ。

そしてテロによる核利用まで取りざたされる。自らが犠牲になってよいのであれば、核の利用は科学技術に長けた大国だけの独占物でなくなる。放射性物質をばらまくだけでも相当の効果はあるのだ。今までは、ばらまいた本人も被曝するということでその方法は選ばれなかった。しかしもはや状況は変わった。アメリカの原子力規制委員会はテロの後、情報公開を行っていたホームページを閉鎖した。核物質の流出を恐れてのことだろう。核エネルギー技術は情報公開原則と相容れない性格を持っている。

こうしたテロへの恐怖に便乗して（――そうとしか思えない――）ブッシュ政権のアメリカは、冷戦期に着想されつつも現実化は出来なかったミサイル防衛構想に再び着火しようとする。これは相互確証破壊均衡の崩壊を意味し、冷戦が終わり、一度は封印されそうに思われた核の問題は蘇った。まだ実は癒えていなかった傷の痛みを、こうして人類は思い出すことになったのだ。人類破滅までの残り時間を算定するので有名な『Bulletin of Atomic Scientist』の「終末時計」は同時多発テロ後、二分進んで残り時間は七分になった。タリバンをアフガニスタンから駆逐するためにパキスタンへの経済封鎖を解いてしまったことが逆効果となって、今度は共に事実上の核保有国であるインド・パキスタン国境問題もキナ臭くなってしまった。こうした兵器としての核を巡る状況変化は、兵器の核が平和利用のための核と断続しつつ連続してもいる以上、当然、平和利用側にも影響は及んで行くだろう。

そんな世界情勢の中で、日本の核戦略は今後どのような進路を取るのだろうか。小泉政権では安部官房副長官、福田官房長官が立て続けに「非核三原則の見直し」を口にした。清水幾太郎シンドロームは政府中枢にまで及んでいる。それをネットメディアを中心にウヨ化した若い世代が支える。かくして無根拠なペニスの暴力性は今や机上の空論ではない。少し前に問題になった「日本だって核爆弾の二一―三〇発は作れる。原発があるのだから」という小沢一郎発言は、コメントを拾い上げた新聞側の話題作り至上主義の産物であり、文脈的には核武装反対だったとされるが、少なくとも語られた事実に間違いはなく、先の安部・福田発言が登場した背景には明らかに核爆弾が生産できる技術体系が控えている。スイシン派の論者は原爆と原発は大きく異なると言うが、その隔たりは、核エネルギー利用技術を一切持たない国と持つ国の隔たりの大きさに比べれば屁のようなものだ。科学技術系の論者が多いスイシン派は反核運動家が感情的な議論に終始することを批判して「定量的な判断」の重要性を強調する傾向があるが、自説を有利に運ぼうとするときだけ定量的な判断の尺度をゆがめるのはフェアではない。繰り返しになるが、そうした姿勢こそぼくが共感できない点である。原発だけでなく自前の再処理や濃縮施設もある日本は、まちがいなく核武装の一歩手前に位置する国だ。核開発疑惑が常につきまとう北朝鮮を非難するだけではすまない。

そして、その原発は更に増やされようとしている。アメリカが離脱を表明しているのに、これだけはなぜか熱心で、日本政府は京都議定書の議決内容の遵守に堅い決意を表明、二酸化炭素削減のためにと大義名分を掲げて一〇基の新規原発増設を謳う。最終処分法やその実施調査のための研究母体になる法人も旗揚げされたし、最終処分地を探す文献調査を受け入れた時点で一地区当たり二億円に及ぶ交付金給付を始めるという、原発立地を対象としていた時よりもある意味で更に強力なボーナス提供の制度もスタートした。電力会社は売電自由化後のコスト競争に恐々として、プルサーマルや最終処分などに経費のかかる原子力にかつてほど熱心ではなくなったように感じられるが、政府はあくまでも原発建設路線を行きたいようだ。使用済み燃料の中間貯蔵施設のサイト内建設も認めた。こうした状況の中でスイシン、ハンタイの膠着状態は更に深刻化して行く。日本の核問題は今後どうなってゆくのだろうか——。

特に若い人に、こうした核の問題に意識的になって欲しいと思う。もはや二〇〇一年九月一一日以前に戻ることは出来ない。ニューメキシコのトリニティサイトに巨大な火球が破裂した一九四五年七月一六日以前に戻ることも出来ない。物理学が展開する前の時代に戻ることも出来ない。二一世紀の世界はそんな幾重もの時代的拘束の中に、自らの行くべき道を見いだして行かざるを得ないのだ。

最後に謝辞を。遅れに遅れた原稿の完成を寛大にも待ち続けてくれた担当編集者の橋本晶子さんに。解体され、原型は名残りすらないが、本書の元になった記事を執筆する場を用意し、取材の機会を与えてくれた初出誌紙の担当編集者たちに感謝します。

武田　徹

二〇〇二年六月

文庫版あとがきにかえて――「満州国」「ハンセン病療養所」「核」

著書を子供に喩えることがよくある。この本は難産の末に生まれた等々。たとえば同窓会にいって子供がいない話をすると、今や母になり、下手をするとお婆ちゃんになっていたりすらする元同級生女子が「武田くんは本を作っているんだからいいじゃない。ずっと残るんだし」と慰めてくれようとする。

色々な意味で複雑な感情を抱かされる場面だが、ひとつだけ明らかな間違いは指摘しておきたい。本が残るというのは古典を読まされてきた教育経験が育んだ幻想である。大量生産品となった以降の本はそう長くは残らない。個人的にも売れなくなって絶版となった自著書の在庫分が断裁処分される憂き目を何度となく見てきた。初めは自分自身も「本＝子供」幻想に縛られていたので、我が子が殺されるような辛さを感じたが、繰り返されるうちに慣れてきてしまった。

図書館があるだろうというかもしれないが、図書館だって著書を残してはくれない。地元の公共図書館で「ご自由にお持ち帰りください」と張り紙が貼られたワゴン上に自分の本を発見した時の脱力感はなかなかのものだったが、スペースに限界があるのだから、貸し出しリクエストの少ない本は処分されて当然だ。それでも、文化の保存装置として国会図書館があるじゃないかと思うかもしれないが、物理量からしてここも時間の問題で遠からずして全出版物の現物所蔵制度は破綻するだろう。

本は「文化的遺伝子＝ミーム」を乗せている。読み継がれることでミームは受け渡され、著者の生物的寿命を越えて残って行くイメージがあるが、少なくとも物理的実在としての本の命ははかない。そして本体が消えてしまった後にミームが「情報だけの幽霊」として漂っていられる時間も実はそう長くはないだろう。

そんなわけで本に過剰な思い入れはないが、生みの親としてはただ消え去り、忘れ去られて行くのを見守っているだけなのも辛いので、それなりの延命措置は打つ。無常観に支配されつつも、それでも「親」として出来るだけのことをしていきたいとは思っている。文庫にする機会に恵まれるというのはそうした延命措置の中でもっとも望ましいもののひとつだろう。

で、文庫化するために読み返す。この作品を書いていた頃の気持ちを今更のように思い出す。当時の後書きでも触れていたが、これはシンドイ本だったのだ。その辛さが、本というものを、どう書けば良いかぼくに学ばせたとさえいえる。当たり前だが、本を書きたければ自分に書けるテーマを選ばなければならない。実力を越えて書きたいことを遠慮なしにテーマに選んでは、失敗するだけだ。『「核」論』の場合、そんな選択ミスの敗色が明らかになってから延々と悪戦苦闘した。失点を少しでも減らすべく、書きつつ、勉強しつつの五年間であった。正直な話、努力はしたがそれでも試合結果は敗退だと思う。ただ、厄介なことに核を巡る状況は静止しているわけではない。ある時期に書いておくべきことがある。となると無限に勉強は出来なくて、見切り発車も必要だ。負けを承知でこの本を出したのはそうした事情に因っていた。

そんな『「核」論』は、もちろん単著として成立しているが、著者の問題意識は以前に刊行した『偽満州国論』（河出書房新社、一九九五年）、『「隔離」という病い』（講談社選書メチエ、一九九七年）から実は一貫していた。この二作は既に中公文庫化しているので、『「核」論』の文庫化で三作が揃うことになる。この機会に改めて三作の関係について書いておきたい。

そもそも『偽満州国論』で、なぜ満州国を書こうと思ったのか。まず視界に入ったのは満州国の都市だった。それは東京の都市計画の「陰画」としての位置を占めている。

たとえば下町の多くを焼失させた関東大震災は、東京の都市構造を根本から改造する絶好の機会だったが、後藤新平を総裁として設立された震災復興院の予算は東京市議会の強い抵抗に遭って縮小され、都市改造は中途半端に終わった。

それが都市計画関係の官僚達に自分たちが培ってきた近代都市作りの理念や技術を生かし切れなかった不満を残す結果となった。そうした鬱屈した気分が晴らされる場となったのが中国大陸だったのだ。日清・日露戦争の勝利で手に入れた南満州鉄道付属地（鉄道線路周辺と駅前の土地のこと）、満州事変で関東軍が制圧した中国東北部の土地は彼らにとってまさに「白紙のキャンバス」であった。宗主国側の行政官として現地に赴任することで、自分たちの理想の都市像をそこに実現できたのだから。

東京に生まれ育ち、東京という都市の限界や可能性について関心を持っていた著者はそんな出自の満州国の都市を見たいと思った。そして『偽満州国論』の取材が始まる。たとえば、中国東北部の一地方都市に過ぎなかった長春を改造して作られた満州国の新国都「新京」を訪ねたとき、その美しさに感心した。主要な道路はロータリーで交わり、公園には緑が溢れ、その雰囲気はまさにヨーロッパ都市そのものだった。

『満州国の首都計画』で、越沢明《こしざわあきら》は「満州事変後の満州国の新京都市計画は、それまで日本の都市計画が消化し、蓄積していた理念と技術を全面的に適用した一大実験場であった」と書き、満州で日本の都市計画官僚も「やれば出来る」ことを示して見せたのだと言いたげだ。確かにそこは良くできた街ではあった。しかし、その都市が本当に住み易かったかといえばそうとも言えないようだった。たとえば夏になると今でも長春の街には「雪」が降る。ヨーロッパ都市の公園道路のような緑樹帯に植えられたドロノキの花が盛んに風に舞うのだ。このドロノキを選んだのは当時の満州国政府で「国都」をいち早く美しい緑に彩るために、生長の早いドロノキが選ばれたのだという（越沢前掲書より）。しかし、風に舞うその花は喘息を起こすので長春市民には不人気だ。そこにドロノキが市民のためにではなく、新しい国都を飾るために選ばれた事情が窺える。都市は住む人のものではなく、国のために作られた。一見、美しい新京の都市景観にそんな構図が上書きされている。こうした二重構造の認識こそが『偽満州国論』の立脚点となる。

たとえば吉本隆明《よしもとたかあき》は講演「国家論」でこう語っていた。

「たとえばAというやつとBという人間がいて、AがBの田畑を侵犯したというようなことがあるとするでしょう。……その場合に法というものはどういうふうにものをいうかというと、AがBにたいしてひじょうによろしくない行為をした、したのだから法的な規程にしたがってAは使用人階級におとすんだというふうに法というのは存在するわけです。……AとBのあいだに相互に侵犯行為があったとしても、水平の概念なんですけどね、ところがそういう侵犯行為であっても、それはAがBにおかした侵犯じゃなくて、法を私有するあるいは占有するものに対する侵犯行為であるというふうに転化される。つまり非常に垂直的な関係に転化されてくるわけです」

ここで吉本は利得と被害が実際に発生する当事者同士の侵犯行為を挟んで対峙する「水平」の人間関係と、その侵犯行為を、「侵犯行為を禁じた法に対する侵犯」と捉え返して罰則を当事者に与える「垂直」的な権力の行使があると考えている。この水平的な人間関係から垂直的な権力関係が立ち上がることで国家が誕生するというのが吉本の「国家論」のエッセンスだった。

『偽満州国論』でぼくは、こうした吉本の視点を踏まえて、水平的な関係で構成される共同体に「都市共同体」という言葉を、垂直的な権力の行使によって維持される共同体に「国家共同体」という呼び名を与えてみたらどうかと提案していた。もちろんこれはあくまでも作業仮説的な構図である。実際には「水平関係」と「垂直関係」はクリアカットに分離されるものではない。片方をリアル、片方を幻想と言い切れるものではない。そんな事情を『偽満州国論』ではH・L・A・ハートの『法の概念』(矢崎光圀監訳、みすず書房、一九七六年)、そしてそれを解釈する橋爪大三郎『言語ゲームと社会理論』(勁草書房、一九八五年)を引くことで示している。

たとえばハート=橋爪は「草野球でもなぜ審判が必要なのか」を考えようとする。野球の(基本的)ルールは、たとえ草野球であってもプレイヤー全員が既に知っているだろう。そうである以上、そこで審判の役割は、ルールを啓蒙するということではありえない。彼の役割は調停だ。ランナーがボールより先に塁を踏めばセーフ、後になればアウトというルールは共有されていても、実際にアウトなのかセーフなのか判断に困る場面は多く発生しうる。その時、プレイヤー同士でアウトだ、いや、セーフだともめると試合の進行自体が困難になる。そこで調停を下す存在、試合のスムーズな進行を優先させるためにその調停に逆らえない存在を設定しておく必要がある。そのために審判が存在するのだ——。ハート=橋爪の主張はおおよそそのようなものだ。

つまり草野球のような趣味の大衆的娯楽であっても、水平の人間関係では完結し得ず、垂直的な法権力の立ち上がりを要請する。そんな事情を無視して、国家とは幻想であると言い切る議論は、それ自体が机上の空論ではないか。そう批判する『偽満州国論』では「都市共同体」を作業仮説的に定義するにあたって「水平の人間関係に利益をもたらす限りの垂直的な権力の立ち上がりを受け入れるもの」としていた。

たとえば先に引いた「ドロノキ問題」の解釈にしてもそうだ。確かにその植樹の選択は国都の景観設計を優先し、住民の健康を考慮していなかった。では、そこでどのような植樹の手法があれば良かったのか。どの樹が好きかは人によって千差万別で、そこでも調停役が必要だろう。そうした調停役を受け入れるものとして「都市共同体」は規定されていた。しかしその調停役はどのようなものであるべきなのか。その検討は『偽満州国論』では十分にカバー仕切れず、もう一冊の本が書かれる必要があった。それがハンセン病隔離医療を巡る文化社会史である『「隔離」という病い』なのだ。

あえて説明する必要もないだろうが、ハンセン病とはかつて「らい」と呼ばれた病気であり、感染して、発病した後にそのまま放置され、症状を悪化させると、神経を侵されて失明したり、四肢に著しい変形が生じる。そんな重症者の姿は強い衝撃を与えるため、古くから「らい」者は差別を受け、家族や、地域共同体から排斥され、流浪することを余儀なくされた。明治政府はそうした「浮浪らい」を対象としてらい予防法を制定して隔離政策を進めた。ハンセン病者が街を浮浪しているような国は欧米列強から一等国とはみなされず、日本の国益を阻害する。そこで隔離を進めなければならないという判断で法律は制定された。その意味でドロノキを国都にふさわしい景観を実現するから植樹したのと「質的」に近い権力行使の結実だが、それは実は水平的な人間関係にも根を下ろしている。ハンセン病者を不気味がって忌避する行為は、あくまでも水平の人間関係の中で行われるのだから。

そんな指向性に根を下ろしている以上、らい予防法の存在を、ただ垂直的な権力行使の典型として、国家の暴力の象徴として否定は出来ない。それを批判するには、より周到な手続きを必要とする。確かにハンセン病は感染率、発病率ともに低く、隔離に値しない病気であった。だから隔離政策は誤りだったと結論づけられる。しかし、ならば感染率、発病率ともに高く、感染源を絶つ以外に蔓延を防ぐ術がなく、一度発病してしまえば、かつてのハンセン病同様に有効な治療法が見つかっていない感染症に対してはどうか。そうした病気の場合、人権問題は感染者だけのものではない。二次感染によって発病し、健康な生活が送れなくなる人の人権侵害も当然議論しなければならない。そこに権利を調停する必要性が発生する。

そこで、どのような制度の枠組みを持つべきか――。『「隔離」という病い』で踏まえたのは政治学者ロバート・ノージックの最小国家論の考え方だった。ノージックは『アナーキー・国家・ユートピア』の中で、何の規制もないアナーキズムの社会が各人の自由を最大化しないとみなした。何をやっても許されるアナーキズム社会では全てが自由だろうと考えがちだが、ノージックはそうではないという。なぜならアナーキズムの社会で、何の規則もないのをいいことに盗難が横行すれば私有財産を守ることすら出来ない。私有財産を守りつつ平凡に生きる自由はそこでは実現しないのだ。

そこでノージックは私有財産への侵犯を抑止し、また侵犯があったときに損害賠償を義務づける権力装置、つまり「司法」が必要だと考える。これは吉本隆明が水平的な人間関係から垂直的な国家権力が立ち上がると考えることに等しい。ただノージックに特徴的なのは、その権力を最小化する条件を設けるところだ。

そうした最小限の警察権力を背景に私有財産の維持が可能な国家をノージックは「最小国家」と呼ぶ。そして国家としての正当性が保証できるのはこの最小国家だけだと考える。最小国家以下のアナーキズム社会では水平的な人間関係すら無秩序な状態に落ちてかえって個々人の自由が守れない逆説が生じる。逆に最小国家以上に権力が肥大した国家では国家権力によって垂直的に個々人の自由が阻害される。そうではなく、個人の自由や権利を最大限に保障するのは「最小国家」なのだ、と。

このノージックの考え方を隔離医療に適用したらどうなるか。感染していない人が感染症をうつされることは、病気にならずに暮らす健全な生活を阻害される一種の「身体＝私有財産」への侵害であり、そんな侵害を受けない権利が誰にもある。その意味で隔離医療システムを作って、感染源を遮断することは正当化される。「隔離は人権侵害だから悪い」「非人間的な隔離制度は全廃されるべきだ」の一辺倒では広く人権を守ることは出来ない。

しかし隔離システムの機能は最小化される必要がある。隔離が二次感染の防止において有効とみなされる最低限の範囲でそれは機能するように制度化されるべきだ。そして隔離される人の人権への配慮もあって当然である。たとえば隔離機関内での治療能力とクオリティ・オブ・ライフを高め、感染者自身が自発性をもって隔離されることを望む場所になるよう方向付ける。そんな方法をもって隔離医療システムを社会の中に整合的に位置づけようとしたのが『「隔離」という病い』の構図だった。

こうして隔離を正当化するのは、しかし、「論理的」には可能だと思われたものの、「心情的」には抵抗感があった。というのも当時はらい予防法廃止運動が高まっていたときであり、隔離＝人権侵害の声は強く、そこに異議を唱えることには心情的な反発が予想されたからだ。そしてどんな反発をくらうか不安を抱きつつ、取材のために何度となく足を運んだハンセン病療養所は……、「予想を超えて」見事なまでに典型的な「都市共同体」だったのだ。反発を受ける不安を打ち消してくれたのは、取材を通じて得られた事実の数々だった。

一つの例を挙げる。隔離療養所の中には故人となった元ハンセン病者の遺骨を納める納骨堂があり、慰霊碑が置かれる。それはハンセン病者達が差別の結果、故郷を追われ、家から離縁され、自分の元の家の墓に入ることを拒絶されたために作られたものだが、地縁も血縁もない共同体が、自分たちのうちに死を受け入れ、祀ろうとしている姿勢は、そうした消極的な事情を超えて、より積極的に評価されるべきではないかと思ったのだ。

たとえば大都市の中で独居老人が亡くなったままかなりの時間が経過していたとかいうニュースがよく報じられる。それは日本の都市が死をうまく受容できない場所になっている典型的な事例ではないか。生活保護法や介護保険制度、埋葬法などの制度は確かに存在している。しかし法制度だけあれば、老いても生活保護が受けられ、死ねば埋葬されるという保証はない。心を砕いて老いた人の面倒を見、その死を現実社会に着地させる人間関係に恵まれなければ、法律はただの書面以上のものにはならない。日本の大都市では法制度という垂直の権力のみがあり、それを実践する水平の人間関係が欠けている場合がある。それでは都市共同体の名には値しないだろう。

その点、ハンセン病療養所は対照的だ。納骨堂の運用などの主体となっている自治組織は療養所内で自発的に作られ、激しい差別撤廃運動の担い手となっていったが、一方で元患者の生活保障も担ってきた。なぜそれが可能だったのか。取材を続けて気付いたのは彼らが強いられ、受け入れることになった「終わり」の重さだ。

表現は慎重であるべきだが、元ハンセン病者達は滅びて行く存在である。たとえば所内で結婚することの条件として課された断種手術の結果、彼らは子供を持てない。自分の遺伝子を引き継ぐ子供に死後の未来を（自らの責任を先送りする形で、だらしなく）託すことは出来ない。自分の力で人生を切り開き、自分の代でそれを完結させなければならない立場に彼らはある。そんな事実のリアルな認識が彼らを倫理的な存在にしている、そう感じることが取材では多かった。

強制的に隔離された元患者は地縁、血縁から引き離された。それは彼らの人生において恨んでも恨みきれない出来事だったろう。しかし、ルサンチマンだけでは、その人生は虚しい。寿命が尽きれば跡形もなく消えてしまう自分の生をいかに充実させ、その痕跡を歴史の中に残すか。そうした「終わり」を視野に入れた発想が、たとえば創作活動に彼らを駆り立て、多くの良質なハンセン病文学の結実を生んだし、一方でハンセン病療養所という彼らの生活空間を、生まれながらの血縁、地縁から切り離された多様な生い立ちの者同士で共に暮らしつつ生を全うしようする、多彩な他者同士が共生する極めて都市的な空間にと育て上げたのではないか。

そこに終末論の世俗化とでもいうべき構図をみる。終末論とは世界が終わることを信じて、それを前提として繰り広げられる思考法である。そうした思考法は宗教領域だけでなく、一見、世俗的とみなされがちな科学的思考にも影を落としている。哲学史家カール・レーヴィットによればユダヤ・キリスト教文化圏で展開されたヘーゲルなどの歴史哲学はこうした終末論的思考の典型であり、それは合理的な科学的思考ではないとされる。

実際には仏教陣営にも日蓮宗のように終末論的な構図を持つ宗派は存在しており、その影響下で終末論的思考の色濃い戦争史観を表明した石原莞爾《いしわらかんじ》の例もあって、終末論的思考は決してユダヤ・キリスト教圏の専売特許ではない。その点ではレーヴィットの視点は修正が必要だろうが、少なくとも世界の終わり、歴史の消失点が合理的に演繹できるものではない以上、終末論的思考が世俗的な思考たりえないという彼の批判は正鵠《せいこく》を射ている。

しかしハンセン病療養所ではそうした終末論的思考が宗教を前提とせずに成立する。そこで世界の終わりは特定の宗教の示すものではない。あくまでも現実の時間の中にある、リアルな「終わり」なのだ。実時間の中で「終わり」を射程にいれて生きることを余儀なくされたという事実が、自分たちの生の意味を未来に先送りすることなく、自分の人生の実時間の中で見定めようという彼らの生き様を用意する。そして世俗化された終末論的思考が導いたひとつの典型が宗教の枠組みを超えて療養所暮らしの仲間の死を受け入れようとする姿勢だろう。療養所内はキリスト教を始めとし宗教的活動が活発だったが、そうした宗派の違いを乗り越えて、たとえば慰霊施設は作られている。自治組織は、異なる価値観を受け入れ、いずれをも阻害しない最小公倍数的なサービスを行うものになっているのであり、まさに水平的な人間関係の利害を調停する、最小限の権力装置となっている……。そう考えて行くとハンセン病療養所こそ「最小国家」の、そして「都市共同体」のモデルになっているのではないかと思い当たるのだ。

酷薄な隔離の結果、都市共同体が作られている。もちろん、だからといってハンセン病隔離医療史を肯定できるわけではない。しかし、ハンセン病者の隔離政策が都市共同体作りの促進要因として働いているのは事実なのだ。そうしたあまりにも逆説的な「展開」の事実を広く知らせ、次にはハンセン病のように差別や偏見の問題と切り離しては論じられない特殊な問題領域ではなく、より普遍的な問題領域で都市共同体論を展開する立脚点にしたい。そんな気持ちで『「隔離」という病い』を書いた。そこで踏み出された議論が次の足場を必要とした。それが核技術時代の戦後社会だった。

確かに四五年七月一六日にニューメキシコ、トリニティサイトで実施された最初の核実験以後、世界は「原子力的日光」に照らされることになったのだ。核エネルギーは解放された。それは清水幾太郎が述べていたように人類が「自殺装置」を手に入れたということだ。自殺装置は核兵器だけを意味しない。原子力発電所も、人類を破滅させるに足る量の核分裂生成物を内部に貯め込んでいる。反核運動家が願うように原発を停止したとしても核分裂生成物は残り、その絶対安全な処理法は確立されていない。つまり、ひとたび核エネルギーを原子核内に閉じこめていた封印が剝がれてしまえば、地球規模の破壊は故意でなくても可能となる。核エネルギー利用が、そのようなスケールの技術であることはまずリアルに認識すべきだろう。

そして——、先にハンセン病療養所では終末論が世俗化されていると書いた。それに倣って言えば、核の封印が切られたことは終末論的思考の脱（国家、民族……）共同体化、つまりは普遍化をもたらしたのだ。核エネルギーの解放後、世界の終わりは人間の力で迎えられるようになった。その「終わり」は地球市民いずれにも「公平に」訪れる。原子力的日光に照らされている世界とは、日常の中に「終わり」の可能性が遍在している世界でもあるのだ。

そうした事実を前提とする時、私たちはハンセン病療養所の元患者たちと同じく終末論的思考を日常に及ばすことが出来るはずなのだ。ハンセン病療養所と同じく、問題解決を先送りせず、今、そこにある生の充実を優先させて、価値観の違いを越え、最小の権力装置で相互の利害を調整しながら生きる都市共同体を作れるはずなのだ（もちろん、ここでも都市的な共同体を作れるようになったのだから、核エネルギー利用の封印を切ったことはむしろ良かったのだという短絡的な議論をするつもりはない。それはあくまでも一つの歴史の帰結である）。

しかし、そうした気運はどこにも見当たらない。価値観の相違は増幅され、むしろ冷戦後に多くの地域紛争を導いている。そんな国際情勢に加え、人々の思考法にも問題を感じる。核の時代に至って、なお人類に未来は永遠に続くべきだと根拠もなく前提にする思考が育まれるのはなぜなのだろう。たとえば核の廃絶を求める市民運動家は「自分たちの子供達に核のない未来を」というようなスローガンを疑いもなく使う。だが、未来を破滅させられる技術を既に実現した社会において、未来が今後も変わらずにあるということはもはや自明ではない。未来が存在するに値すれば、それを求めることも正当化されるが、存在するに値しない未来であれば、人類はそれを放棄することも可能なのだから。核時代に、自分たちの今の社会の延長上に導かれるだろう未来は、本当に存在するに値するものか、人類は未来にも生き続けるに値するか、ラディカルに問われるべきなのだ。

そうした問いと向かい合って生きる真摯さこそが核時代には要請される。未来が今と同じく続いてゆくことをあたかも自明の善と信じて疑わない姿勢は、そうした真摯さの対極にあるように思う。だからもどかしい。

実は、ぼく自身もまた元ハンセン病患者と同じく「終わり」を意識して生きざるを得ない立場にいる。話が冒頭に戻るが、強制されたわけではなく、子供を作らない生き方を自分から選ぶことで、自分自身の生を越えた未来を自ら葬ったと多少ヒロイック（笑）に解釈すれば、ぼくは核の封印を切った人類が獲得した「未来を葬る」権利を個人的に行使したと言えなくもない。個人的領域と社会的領域の間の安易なアナロジーは役に立たないだけでなく、危険でもあるが、慎重を期せば少なくとも思考や実践の動機付けにはなるだろう。「終わり」を視野に入れた終末論的思考をいかに行うべきか考えておきたいという気持ちが、都市共同体について考えたいという要求と折り重なって、満州国からハンセン病療養所へ、そして核時代の世界へと論を進めさせる背景事情としてあった。その意味でもこの三作はぼくにとってひと繋がりの作品だった。

本が子供の替わりになるとは毛頭思っていないが、それが社会に受け入れられることを願う気持ちは、やはりどこか親心と通じるものもあるのだろう。それを意地を張らずに認めたい。未来に過剰な希望を託すほど脳天気ではないつもりだが、いつかは消えてなくなるのだからこそ、自分に出来る間は、生き残らせたい。これも「終わり」を意識した選択であり、行動なのではないか。『「核」論』はえらく苦労させられて、しかし出来が良いとは決して言えないが、三年前のタイミングで、まだまだ（実は今も十分そうなのだが）無謀だった自分がいたからこそ書けた作品だったと今にして思う。他の書き手ならば挑戦しないテーマに蛮勇をふるって挑んだという意味では多少の希少価値はあるはずで、だからこそなんとか延命させてやりたかった。そして前二作と並ぶことで、その問題意識が幾分かは見えやすくなってくれればと、「生みの親」としては願っている。文庫化を実現させてくれた中央公論新社の名倉宏美さんに心からの感謝を捧げたい。

二〇〇六年二月

武田　徹

や　行

ら　行

わ　行

は　行

ま　行

た　行

な　行

さ 行

索　引

A～Z

あ　行

か　行

本書は、二〇〇六年二月、中公文庫より刊行された『「核」論——鉄腕アトムと原発事故のあいだ』に若干の加筆・修正をしたうえで改題し、〈新書版まえがきにかえて〉を付したものです。

中公文庫版は、二〇〇二年一一月、勁草書房より刊行された同名書に若干の加筆・修正をし、あらたに〈文庫版あとがきにかえて〉と、解説・巻末索引を付したものです。

〈文庫版あとがきにかえて——「満州国」「ハンセン病療養所」「核」〉は、カドカワムック178『新現実』Vol02（二〇〇三年四月発行）に寄稿した「満州国・ハンセン病・核」を下敷きにしています。

中公新書ラクレ　387

私《わたし》たちはこうして「原発大国《げんぱつたいこく》」を選《えら》んだ
増補版《ぞうほばん》　「核《かく》」論《ろん》

2011年5月10日発行

武《たけ》田《だ》　徹《とおる》著

発行者　浅海　保
発行所　中央公論新社
〒104-8320
東京都中央区京橋2-8-7
電話　販売 03-3563-1431
編集 03-3563-3668
URL http://www.chuko.co.jp/

本文印刷　三晃印刷
カバー印刷　大熊整美堂
製　　本　小泉製本

Published by CHUOKORON-SHINSHA, INC.
Printed in Japan
ISBN978-4-12-150387-9　C1236

中公新書ラクレ刊行のことば

世界と日本は大きな地殻変動の中で21世紀を迎えました。時代や社会はどう移り変わるのか。人はどう思索し、行動するのか。答えが容易に見つからない問いは増えるばかりです。1962年、中公新書創刊にあたって、わたしたちは「事実のみの持つ無条件の説得力を発揮させること」を自らに課しました。今わたしたちは、中公新書の新しいシリーズ「中公新書ラクレ」において、この原点を再確認するとともに、時代が直面している課題に正面から答えます。「中公新書ラクレ」は小社が19世紀、20世紀という二つの世紀をまたいで培ってきた本づくりの伝統を基盤に、多様なジャーナリズムの手法と精神を触媒にして、より逞しい知を導く「鍵《ラ・クレ》」となるべく努力します。

2001年３月

La clef

L201

「カルト」を問い直す
――信教の自由というリスク

櫻井義秀 著

テロ事件を経験したあとでも、私たちは「カルト」を食い止められない。なぜなら、人権的にも、法的にも、「信教の自由」が大原則だから。しかし、それゆえ個々人は大きなリスクを背負う。しかも「自己責任」で。――孤立化した現代人は心の領域に救いを求めており、カルト勧誘と隣り合わせにある。本書はオウム真理教や統一教会等を事例に、このリスクへの対応策を考える。教団を批判する側からアプローチすることで、「カルト」研究の新境地を示す。

819円（780円）
150201－8

L210

原子力と環境

中村政雄 著

〝グリーンピース〟創始者の「転向」から論を起こし、環境問題を独自の「過密社会」論のなかに位置づけるとともに、その未来の姿を的確に描く。そのうえで、ジャーナリストとしての「現実」に立脚した視点から、日本のエネルギー選択についてその未来像をリアルに描き出す。競争社会を支える資源や土地に恵まれない日本では、環境とエネルギーの問題をどう解決すべきか。エネルギーフォーラム賞特別賞受賞『原子力と報道』（ラクレ157）に続く第二弾。

756円（720円）
150210－0

L226

論文捏造《ねつぞう》

村松 秀 著

科学の殿堂・ベル研究所の若きカリスマ、ヘンドリック・シェーン。彼は超電導の分野でノーベル賞に最も近いといわれた。しかし2002年、論文捏造が発覚。『サイエンス』『ネイチャー』等の科学誌をはじめ、なぜ彼の不正に気がつかなかったのか？　欧米での現地取材、当事者のスクープ証言等によって、現代の科学界の構造に迫る。内外のテレビ番組コンクールでトリプル受賞を果たしたNHK番組をもとにした書き下ろし。科学ジャーナリスト大賞受賞。

903円（860円）
150226－1

L338

防衛破綻
――「ガラパゴス化」する自衛隊装備

清谷信一 著

「見栄えのいい兵器」を買うことにばかりご執心で、自衛隊員が本当に必要とする装備に金を回さない防衛省。天下りと法規制によって、世界の兵器マーケットでの厳しい競争から守られてきた防衛産業。非常識な装備調達を続けてきたツケが回り、産業基盤はもはや崩壊寸前だ。これ以上、防衛費の無駄遣いを許してはならない！　自衛隊の装備調達問題を通して、「国を守る」とはどういうことか、改めて考える。石破茂自民党政調会長推薦。

798円（760円）
150338－1

La clef

L344

「医師アタマ」との付き合い方
——患者と医者はわかりあえるか

尾藤誠司 著

病室で日々起こっている医師—患者間のすれ違い。その原因は医師特有の思考回路、「医師アタマ」にあると考えた著者が、その価値観と常識を分析し、上手く付き合う方法を伝授。よりよい医療を受けるための「患者力」をつける本。【医師アタマ（いしあたま）】医師特有の強固な思考経路。医学的に正しいこと=患者にとって良いこと、と信じて患者と接しているため、時に悲しいすれ違いを起こすことがある。例／「『治った』より『治した』方が偉い」など多数。

798円（760円）
150344-2

L346

国家論
——僕たちはいま、どこに立っているのか

田原総一朗＋姜 尚中＋中島岳志 著

転換期にある現代の日本で「国のかたち」はどうあるべきか。メディアにて論争的な発言を行っている3人が一堂に会し、10時間にわたって対論を繰り返しつつ「国家」を問い直したスリリングな知的作業を完全収録する。日米関係の変容、アジア共同体の可否、朝鮮半島問題の将来などから、安全保障や天皇制までを問い直すことで、日本の「国家のかたち」を大胆に論じたオリジナルドキュメントだ。ラクレ創刊10周年スタート、記念企画。

903円（860円）
150346-6

L354

「被爆二世」を生きる

中村尚樹 著

健康状態や生活実態がどうなっているか、調査が手つかずのまま残されている「被爆二世」。ジャーナリスト、医師、NPO代表、高校生平和大使……。原爆投下から65年。親世代の思いをバネに世界に向けて発信する彼らの活動を本書は紹介する。それぞれの人生で見つけたテーマに果敢に挑戦する被爆二世たち。そして被爆三世や外国人のヒバク二世の人たちにも本書は言及する。その姿は、戦争を知らない世代がどのようにその記憶と向きあうか、の一つの答えになる。

798円（760円）
150354-1

L366

理科系冷遇社会
——沈没する日本の科学技術

林 幸秀 著

ノーベル賞受賞者に沸く日本だが、これは何十年もの過去の業績に対して与えられている。果たして現在は、理科系の研究が充実しているのだろうか。資源のない日本では、人材と技術の優秀さが豊かさに結びつく。それなのに日本ではすでに、良い技術者が足りていない。そして、基礎研究で米欧はもちろん、近々中国にも抜かれかねない情勢にある。理科系の人材が育ちにくく、育てても活かせない日本の現状を、豊富な資料をもとに論証した話題の書。

903円（860円）
150366-4